築夢大灣區

溫家明　著

GREATER
BAY
AREA

序一

李秀恒博士
GBS, JP

初識溫家明先生,是因為大灣區港澳人才協會邀請我在一個線上講座中,就「香港如何融入粵港澳大灣區發展」分享自己的一些心得,並給予年輕人一些寄語。在那次講座之中,能夠結識到一眾如家明一般願意參與建設粵港澳大灣區的年輕一輩,感到十分欣慰。

要知道,大灣區作為「海上絲綢之路」及「外循環」對外開放和交往最密切的地區,若能發揮好節點作用,就能獲得豐厚的經濟實利。香港作為大灣區內與國際社會、市場及產業連接最為緊密的外向型經濟體,且擁有完善並與國際接軌的監察制度和法律體系,若能成為大灣區節點中的核心城市,成為內陸企業與國際市場對接的橋樑,並好好利用與周邊城市融合發展時產生的協同效應,不僅能為經濟注入新活力,還能更進一步推動香港社會及產業升級轉型,解決存在已久的深層次問題。香港的疫後經濟出路,必定離不開與大灣區城市融合發展的趨勢。

香港目前的青年人中，仍然有相當一部分未能清楚認識到大灣區對香港未來發展的重要性，他們將會失去不少寶貴的發展機遇。然而，幸好香港仍有一班青年人，能夠比他們的同儕更有見地，而且更有果斷的行動力，已經參與到大灣區的建設中。

這本《築夢大灣區》以訪談的形式，讓有親身經歷且年齡相仿的大灣區發展參與者，親口解答一些普遍存在的疑慮，讓他們的故事以更生動、更具象的方式呈現在讀者眼前。期望這本書的讀者，尤其是年輕人，能夠因此而有興趣了解或更深入了解香港在粵港澳大灣區中的角色及發展潛力，從而亦加入其中，共築一個深化融合的大灣區。

序二

范群博士

廣東留學人員聯誼會・廣東歐美同學會副會長

廣州歸谷科技園有限公司總裁

深圳市榮譽市民

與家明哥的相識，始於 2014 年的廣州「點子創業吧」，當時只覺得家明更像一位憨厚敬業的「夥計」。隨著接觸次數的增加，我們相互了解程度逐漸加深，家明身上的執著、勤奮、專業等「香港人」特質，給我留下了很好的印象。後來，家明出任了「中港創業企業家協會」會長，還專門邀我赴港在協會年會上做分享，讓我對他在閱歷豐富之外的熱心奉獻精神，有更深的感受。緣於自己在美國矽谷幾個專業協會服務多年的類似經歷，對家明便多了一份由衷的相惜敬佩！於是，才有了手下的這段文字。

《築夢大灣區》是家明的心血力作！其站位高遠、視角獨特，基於家明本人於 1993 年就從香港進軍內地發展的長期經驗，深入觀察思考，精心選取了落戶粵港澳大灣區「9+2」共 11 個城市的 14 位受訪者，從不同層次、不同角度、不同行業出發，以親歷者的身份，樸實可信地為讀者呈現出一幅大灣區

演變的時空畫卷；力求以一個「香港人」的第一人稱視角，抽絲剝繭般為大家提供了各種案例及深度訪談分析。這些案例中的受訪者之所成、所為、所思，或可成為後來者之所仿、所求、所戒。若能如此，我想，家明哥一定會很欣慰的！

序三

蕭觀明先生

香港科技大學創業中心署任主任兼主管

大家經常聽到「大灣區」,可能也已經初步感受到一點點大灣
區的味道。但有多少人,包括我在內,真正知道甚麼是「大灣
區」呢?我相信絕大部份人對「大灣區」仍然是陌生的。我
有幸在 1994 年第一次從時任(亦是第一任)香港科技大學校
長吳家瑋教授口中,了解美國灣區及東京灣概念,以及在廣
州、南沙、香港設深港灣區的想法,當時廣州率先提出依託
南沙港,對標東京灣區。但到 15 年後的 2009 年,粵港澳政
府有關部門才聯合公佈《大珠江三角洲城鎮群協調發展規劃研
究》,提出建設珠江口灣區。再到 2014 年,深圳市政府提出
打造灣區經濟;2016 年,國務院正式要求粵港澳深圳攜手,
共同建設粵港澳大灣區這一個世界級的城市群;2017 年十二
屆全國人大五次會議,提出要推動內地與港澳深化合作,讓
港澳發揮獨特的優勢,提升在國家經濟發展和對外開放中的
地位及功能。

「粵港澳大灣區」的概念從 1994 年開始到現在實際推行,整
整 20 多年,人生有多少個 20 年?我們這個年代非常幸運,

不但能夠見證以及享受國家、城市、經濟、社會繁榮的建設和進步，還可以參與其中。「粵港澳大灣區」比較全中國，雖然不是很大，但它在經濟及國家發展中起著重要的角色。我們有幸身在這大灣區中，能相對方便及輕易地參與及受惠其中。雖然大部份人對這個地區的環境及政策仍然比較陌生，但幸好我們的文化背景比較接近，還有很多先驅朋友已經在大灣區不同地方生活及經商，他們的經驗及意見，對想瞭解及進入大灣區發展的港人來說，是很大的幫助。

家明哥今次這本書，正正就是我們期待已久的一個「粵港澳大灣區」出門錦囊。其中的實際經歷分享，讓我們生動地預先了解各地區的生活、營商環境及政策，為步入大灣區工作、創業、置業、生活提供了實用的參考。這本書除了適合有意在粵港澳大灣區發展的人，我亦強烈建議未有計劃到大灣區發展的朋友，亦可以詳讀這本書，以加深對「粵港澳大灣區」的了解。

序四

李安女士

三聯書店（香港）有限公司副總編輯

2019 年國務院公佈《粵港澳大灣區發展規劃綱要》，目標是「到 2022 年，大灣區綜合實力顯著增強，粵港澳合作更加深入廣泛；到 2035 年，大灣區形成以創新為主要支撐的經濟體系和發展模式，大灣區內市場實現高水平互聯互通」。

這幾年間，坊間亦出版了一些有關的書籍，如《粵港澳大灣區與香港》（商務印書館，2018）、《大灣區產業合作：香港的新功能》（城市大學出版社，2019）等，均有介紹發展大灣區的戰略意義、產業發展的可能，以及與三藩市大灣區及東京灣區的橫向比較，相當具份量。

然而理論歸理論，數年後的今天，香港人對大灣區的認識及實踐又如何呢？因此，一本從港澳視野出發，涵蓋大灣區所有城市的《築夢大灣區》的出版，某程度可以加深讀者對大灣區內創業以至生活的了解。因為人的故事始終最吸引，最有血有肉。

大約一年前，在一場品書棧的九周年活動中，有幸認識其棧長溫家明，因為工作的關係，對於一個以書會友、定期分享

閱讀的組織，一開始便有天然的好感。後經幾次接觸，得悉他有份創辦大灣區港澳人才協會兼是創會會長，認識不少在大灣區創業的香港人，於是萌生了出版《築夢大灣區》的念頭。從講到做，僅半年時間，相當高效。過程中充份感受溫家明對大灣區的了解及對年輕創業者的關注，深受感動。

我想說好大灣區的故事，也是說好中國故事的一部分。我看到書中被訪者分享經驗時，有一個共通點，大都是因地域或親友關係而涉足當地，從而尋找商機。這正好說明親身體驗的重要，而他們的挫折與成功，都可以給我們難得的借鏡。在此要向這些先行者致敬。

我知道溫家明將來還要帶著此書向學生、公眾宣揚大灣區的故事，我們也希望有機會組織考察團，到大灣區探望書中的被訪者及認識他們身處的城市。因此這本書的出版不是終結，而是開始。願溫家明的夢如願以償！

導讀

有一句由黃霑填寫的膾炙人口的歌詞，香港人經常講：「知否世事常變，變幻原是永恒。」我們從一個小小的漁村發展到今天身為中國的一個特別行政區，當中經歷了無數的變化，背負著歷史角色的轉變，每一代的香港人憑著風雨同路的精神，在每一個時代轉折之間中遊走，多少的得著，多少的失落，亦無損香港人對自己角色的認同。從七十二家房客到獅子山下，都保持那份堅毅不拔，永不言敗的精神！

經過了幾十年的發展，我們扮演了不同的角色：1951 至 1970年，由轉口貿易港到工業城市；1971 至 1996 年，由工業化到多元化服務，每次的轉型都是由於外部環境誘因，產生決定性的變化。每次轉型也受著外部經濟環境的影響，不論是世界經濟或政治格局變動，香港人都能夠憑著這份精神，迎難而上，一次又一次的讓香港在世界經濟舞台創造奇蹟。

在整個發展的過程中，中國內地對香港都有著舉足輕重的影響。回歸前香港從貿易轉而到工業生產，隨著香港人口不斷增加，土地便成為炙手可熱的資產，傳統需要大量土地和勞動力密集的製造業遇上了瓶頸。尤幸正值 1980 年代，國家進行經濟改革開放，廣東省珠三角便為港商在土地和人手方面提供了及時雨的幫助，香港廠商透過不同的合作方式，紛紛落戶珠三角地方，享受了低成本的經濟效益。與此同時香港

亦開始發展多元化的服務業，經濟欣欣向榮，獲利的財富效應亦令金融、地產、旅遊、物流及娛樂文化等服務業的發展一日千里，在世界中的影響力亦不斷攀升，成為亞洲四小龍之首，並贏得東方之珠的美名。香港人的足跡伴隨著經濟的成長，積極走向世界，我們創造的經濟成就再闖高峰，大放異彩。

從 1842 年起，我們經過近 150 多年的殖民地生活，終於在 1997 年 7 月 1 日回歸祖國的懷抱裏，隨著《中英聯合聲明》的簽署和一國兩制下基本法的訂立，香港正式進入一個全新的年代，當時有部分人因為個人的政治取態選擇離開，但大部分人更積極投入留港建港的世紀大業之中。回歸以來，香港經濟經歷了亞洲金融風暴、全球科技泡沫破裂等危機衝擊，也受到國際金融海嘯及其後的全球經濟危機的持續影響。不過由於國家在經濟上的持續發展，我們面對這些困難時，中央都度身訂造了多項有利香港的政策，藉著不同層次的經濟整合，例如《關於建立更緊密經貿關係的安排》（CEPA）、滬港通、深港通和自由行等，讓我們能夠平穩地走出經濟危機。2015 年 3 月，中央政府發佈《推動共建絲綢之路經濟帶和 21 世紀海上絲綢之路的願景與行動》，勾劃「一帶一路」倡議的發展構想及藍圖。香港作為「一帶一路」沿線最高度國際化和熟悉中國國情的城市，憑著這服務中心優勢，為「一帶一路」項目提供支援，當中所包含的商機，為香港帶來全新的機遇。而對於香港中小企或民生而言，「粵港澳大灣區」自 2017 年 7 月 1 日正式定位為中國的國家級戰略後，把香港、澳門與內地九個城市連結成為一個達到國際一流灣區水平、世界級城市群的經濟體系，成為全球先進製造業中心、重要創新中心、國際金融航運和貿易中心。香港從

一個 800 萬人口的城市，轉身成為擁有 7,000 萬人口的龐大市場，粵港澳大灣區為香港人提供了一個龐大的商機，當然亦是一個挑戰。

本書的目的，是更深入了解香港人在粵港澳大灣區發展的過程中能否有所得益，亦很想了解他們在大灣區的創業狀況，在全球新冠疫情的衝擊下，香港人的特質能否伴隨他們迎難而上。不過更重要的，是希望透過他們第一身的論述，從生活、工作和制度上了解今天內地的真實生活面貌。今次我分別與十一個城市的受訪者，透過網絡進行訪談，這不正是全球溝通的新常態嗎？

我訪談的對象，處於不同的大灣區城市，分別有香港、澳門、深圳，東莞、惠州、廣州、佛山、中山、珠海、肇慶和江門。他們從事不同的行業，包括經營世界商會、高新科技、電子商貿、教育、健身、體育、影視娛樂、有機耕種、生態茶場、法式咖啡店等。

當中惠州的 Anson，原來經營著四間健體中心，由於疫情關係，政府禁止一切公眾單位開門營業，處於零收入剩支出的情況下，她轉而在線上作健體示範，並以直播帶貨的方式銷售健康產品，搖身一變成為網紅，銷售成績漸入佳境，終於成功開展了另一個新的事業。

另外中山的 Shirly 和 Lammy，一個在法國著名的甜品店學藝，一個在香港浸會大學修讀工商管理，彼此在網上認識，發覺大家都熱愛法式甜品，繼而成為朋友。一次的中山之行，他們就決定要在中山經營一間法式甜品店，其實他們並

沒有任何經營店舖的經驗，就憑著這一份熱情，成功讓赫沫法式甜品店在中山站穩陣腳，現在已經開始計劃開設分店了。

李柏亨在廣州創業，開設了「學師滙」網上一對一補習中介平台，但他主要的客戶竟然是香港人，擁有超過十萬名老師登記。他利用內地低廉成本的優勢，透過互聯網，成功在廣州經營一個以香港人為服務對象的企業。

在香港從事廣告片製作的周柏康導演，因為香港影視製作行業的萎縮，毅然決定北上發展，從北京開始學習，累積經驗，終於能夠在內地開拍自己的影視作品，然後選擇落戶佛山，開設自己的影視娛樂公司。不過他依然心繫香港的青年人，希望在自己開拍的作品中，預留一些實習的機會，讓他們能夠在學習和工作之外，真正在內地生活，擴闊眼界之餘更可建立人脈，為日後在大灣區發展創造更有利的條件。

本書中我一共訪談了 14 個個案，涵蓋了大灣區的 11 個城市，彼此都處於不同的發展規模與階段，當中有談及在大灣區發展的概況與機遇，以及面對疫情的影響如何轉身。他們作為粵港澳大灣區的香港先行者和實踐家，充份體現出我們的特質，與他們談話，可發覺國家在政策和行政方面不斷進行改革，今天已經非常先進和具效率，為中小企的發展提供積極的幫助。

我是以一個土生土長香港人的角色和角度，勾勒出我們關心的問題，把香港人在大灣區發展最真實的故事呈現。相信他們的故事絕對有參考價值。在整個製作的過程中，我知道有很多受訪者因為疫情的關係，已經一年多沒有回香港了，因

此都非常喜悅能夠與我傾談，可見他們對香港的關注依然，難掩蓋這份遊子之情。

訪談到最後，我都會問大家一個問題，就是對香港人往後在大灣區發展有甚麼忠告？每個人都給了我不同的答案。但不論答案是甚麼，我深信大家在同一天空下，築夢大灣區正正是我們一個挑戰新時代的選擇！

最後我要感謝香港三聯書店副總編輯李安女士的鼓勵和厚愛，給我一個這麼難得的機會，把我對香港青年人發展的關注，以及粵港澳大灣區的機遇，透過《築夢大灣區》這本書，把他們的精彩故事一一呈現。

「別等到大環境好轉再開始行動；行動才是讓環境變好的原因。」——《心靈雞湯》作者艾倫‧柯恩（Alan Cohen）

肇慶

廣州

惠州

佛山

東莞

深圳

中山

江門

珠海

澳門

香港

粵港澳大灣區

目錄

01

黃安娜

不要怕別人的眼光，也不要怕失敗，用一個在地球體驗的心態，想想你在剩下的時間可以做一些什麼對生命有意義的事情。

學歷程度 大學本科

企業名稱 FEW 世界女企

公司職位 CEO

ANNA WONG

當時你回中國發展的時候，還未有大灣區這個概念，那麼是甚麼原因令你想回內地發展？

我個人是比較看環球的趨勢，當時在東南亞、歐洲、美國、中國、印度，也有不同的經濟學家與媒體在說，中國是未來世界的趨勢，因此我很早就一直留意著中國的發展。中國的購買力越來越強，這也是我想進入中國市場的一大原因。我有留意甚麼行業在中國有發展的潛力，而第一個進入我眼簾的就是教育；當時注意到在中國，特別是深圳的家長，對小朋友的英文教育與海外學習特別關注，因此我首先就到深圳開辦了一間教育中心。我是用戲劇學校（drama school）的方式，聘請外籍老師以角色扮演與戲劇的形式來教小朋友英文，因為我相信學習一門語言不是靠教科書，而是需要創造一個環境給他們；同時我也覺得戲劇可以提升他們的自信心，我是這麼想的。我早在 2014 年就開辦了這間教育中心，但其中出了很多錯，例如我不知道開辦教育中心是需要有教育的牌照等等。（**中心最後如何了？**）結束營業了。因為我第一次在福田開的這間中心是試運一下，規模很小，到後來發現漸漸可以招徠學生、家長也喜歡時，有了信心，就搬到了東海中心。我發現那一帶都是中產或以上的家長為多，他們的購買力較高；另外其實東海中心附近也有很多不同的教育中心，但都是聘請當地的英文老師授課，而我則是全都聘用外籍老師。我就和當地一個教芭蕾舞的教育中心合租一個地方，然後在認真要做的時候，才發現原來會產生很多問題，例如消防條例等等，最後我在這個轉折點停止了。當時我想，既然線下申請不到牌照，可以考慮線上教學，於是就把這個概念移轉到線上。

很多人也遇到過類似的問題，因為香港是一國兩制，政策與內地不同，如果我們用原有的概念去思考問題，很容易在內地碰壁。你結束了線下的生意並把它移轉到線上，當時你對內地的印象如何？

當時距離現在已經有七、八年前，我到內地的時候仍然是一個成長中的狀態，大家當時在系統上也是很混亂的。例如我在午飯時間去政府機構申請一個牌照，看到政府人員午休的時候都是在辦公室躺著，腳放在辦公桌上。這對於我們香港人來說是一件很有趣的事，因為香港公務員會給市民一個很正經的印象，這就是我對內地的第一印象，不懂得怎樣跟政府人員打交道。第二個印象是覺得當地人其實挺現實，特別是深圳的人，他們來自五湖四海，所以大家都是很急著想賺錢。我聽過一個很有趣的說法，指在深圳能買房置業的人其實都是能成功在深圳賺錢的人，反之，在深圳賺不了幾個錢的人可能五、六年就會走了，從此可見深圳的文化是人人都很進取。我當時聘請的員工與香港有點不一樣，他們的條件是公司可以幫助他們賺錢。

也有說法，在深圳聘請員工時是由員工面試該公司，因為他們會看公司的前景、發展計劃、自己的職位等等，比較在意公司未來的發展方向。你在外國讀書，又在香港工作過，請問你之前曾在香港創業過嗎？還是在國內的生意是你第一盤生意？

如果是真正由我創立公司、主管資金與行政，就是在深圳。由裝潢到開始營運，這是我第一個投資。雖然結果是錯誤的，但我卻從這個錯誤中學到了很多，例如是大膽的在內地

做調查，這對我以後是一個很寶貴的經驗。（**我覺得你是個很勇敢的人。**）因為那時我甚麼也不會，在當地也沒有朋友。

你還有一個 Female Entrepreneurs Worldwide（FEW，世界女企）的項目，是在香港開始的，請問為甚麼你會在香港開始這個項目？

我其實很少會想自己是屬於某個城市的，當時自己到深圳的時候，也有順便去了上海和北京。還有經董建華先生的基金，資助我們去了中國四個城市，而我就到訪了包括浙江、武漢等地，當地的官員也有來接見我們，並邀請我們到當地創業。對我而言世界是一個地圖，而我希望我的公司可以在地圖上每個地方也有一個點。（**當時你已經成立了世界女企？**）當時還未有的。世界女企會的概念，其實源於我在倫敦工作的時候，參加了一些由專業人士組成的團體，例如大學教授、律師、投資者等人，大家每天早上一邊喝咖啡，一邊談論著未來，我覺得很有趣。因為香港有很多的協會和組織，但他們都是集中在慈善與吃喝；我自己則喜歡一些生意的話題居多，我覺得外國這種互相討論、互相幫助的感覺很好。當時香港仍未有這種組織，於是我就和一個法籍朋友在 2015 年一起建立了這個平台，因為我們都在香港，所以就選擇香港為起點。中間有一個有趣的小插曲，當時我在組織的名字中加了 worldwide 的字眼，但我合夥人想去掉這個詞，因為我們只是在香港而已，然後我就說，我們一個是香港人一個是法國人，就可以稱之為 worldwide 的了。因為我希望可以把公司推廣到全世界，我以前常想，為甚麼滙豐銀行不會倒閉？又想為甚麼迪士尼和麥當勞這些海外的品牌可以推廣得這麼遠，然後我就開始研究它們的結構。我很喜歡麥當

◯ 黃安娜和 J. Candice Interior Architects 創辦人陳浩寧進行訪談

勞特許經營的模式，我以前在深圳也試過這個模式，但也許是當時還不熟所以失敗了，但我現在也是在嘗試特許經營的模式。我們除了最主要的幾個子公司即香港、深圳、上海等等之外，在泰國、英國和希臘也是特許經營的。

做特許經營，系統和後援也很重要，你們是如何處理這些東西？

我研究當中的方法很久了，經過了這麼多年，我們也有了自己一套的行政，因此每一家特許經營，我們也有一個程式去教他們賺錢和管理。我覺得經營模式是一個轉變得很快的東西，因此我們要一直做，一直很彈性的回應他們的需求。例

黃安娜

如澳洲也有公司與我聊特許經營的事情，要考慮對公司的貢獻該如何放回資本市場或公司的結構上。因此我們是有很多這些衡量的。

特許經營在中國似乎不太可行，因為中國幅員太大、人也有不同的想法，必須是一家很強的公司才做得到。你會擔心最後的結果會很混亂嗎？

其實我也擔心，同時也試過在進入內地市場後，馬上就被人抄襲了品牌概念與風格。（**你怎麼辦？**）我覺得香港人，又或者不限香港，而是有國際視野的人都是比較有創造力的，我一直覺得只要你走得比別人更快，你就不會擔心被競爭者抄襲。（**消費者也會分辨哪一個才是正宗。**）對。我們也看到不只是內地，香港最近也有其他女性的小群體冒起。我們是想推廣這件事，而又看到有人跟隨我們，其實這未必是一個壞事。因為這個市場正在擴大，而大家都意識到這種服務是重要的，因此大家都會投身到這個行業之中。

你的想法是想「做大個餅」，令更多人參加進來。我知道你們第一家是在香港，第二家是在上海，你們是甚麼時候到達一個突破點，或者說你們甚麼時候開始賺錢？

其實香港公司第一年就已經開始賺錢了，但一到新的市場時始終是會虧蝕的，因為我們總是要一筆新的投資來投入一個新的市場。我進入內地市場的時候，就要有一筆錢提供給內地的公司，主要是用以聘請職員和做一些當地的宣傳活動。香港的市場管理和內地的不一樣，因此需要重新做一套切合當地的計劃，所以我們每進入一個新的市場，就需要投放一

● FEW 世界女企在香港的 2018 年年會，黃安娜（右二）和會員及嘉賓合照。

筆新的資金。

一個初創公司從一開始就賺錢，是一件很不可思議的事，你是怎麼做到的呢？

我覺得這是一個企業性質的不同，因為我們不像科技公司般需要一筆必然成本去創造產品，我們的產品都是藉由會議、活動等提供的（第一年的時候）。加上有 KPMG（Klynveld Peat Marwick Goerdeler，畢馬威）、硅谷銀行當我們的資助，令我們擁有一筆贊助資金去營運這公司，而且會員也需要支付會費，因此我們的經營模式所需要承受的風險比較低。當然我和生意夥伴的背景令我們相對有利，因為有很多人不懂得如何找投資人、會員、贊助等，這其實對公司的起

步是很有利的。我也知道做我們這類行業是很燒錢的，而且有時候真的是很難賺錢，而我自己經過多年的經營，現在對於這方面的營運算是比較得心應手。第二是可能我的家人一直都很活躍於這些團體，我從小時候就會去觀察他們怎麼做。我發現他們營運一個組織時，很常也是由組織成員出錢維繫，因此我時刻提醒自己不要做慈善組織，社會企業當然要重視社會評價，但也一定要有一個商業模式，去決定自己如何賺錢。

這個想法是很重要的，起碼要先能夠維持企業。你的贊助商都是一些有相當聲望的公司，他們是怎麼找回來的？

很有趣，例如硅谷銀行，其實我只和亞太區的女領導喝了 5 分鐘咖啡，就得到了她的贊助。可能因為我們早期比較幸運，因為我們是香港第一個大公司提倡這類行業，而那些贊助商的公司也開始關注 ESG（environmental, social and governance，環境、社會和管治）政策。而這些大公司也需要「交功課」，以顯示公司做了多少與 ESG 有關的東西，女性平權（women empowerment）正是 ESG 的其中一項。因為我們也發現個人客戶未必是我們最大的消費者，我們最大的消費者是來自於大公司。除了 ESG 的因素以外，大公司也看到了女性將會是經濟市場上最大的消費者，很多大公司也開始關注並吸引這個群體。我舉一個例子，以前中國最大電訊設備供應商也找我們聊過，因為他們的手機業務用戶有八成是男性，從數年前起他們想吸引女性市場，所以就對我們的平台的女性註冊用戶有興趣。由此看來，女性是一個很大的消費群體，我們有比較大的資源是來自這裡，也因此我們一開始花了很多時間在這方面。我們在內地做得比較

好的，我想是與英國領事館合作，英國領事也是女性，我們有活動去鼓勵一些大公司，促請他們承諾每年要做多少與女性有關的事務，因此我們只用了很短的時間就進入了這些大公司。

你們的意識很正確，但那麼公司又為甚麼會相信你呢？

這也是一個挑戰。其實我第一間找的是 Google，為甚麼呢？因為我見到公司的同事曾經在一個很小的房間中舉辦講座，很擠，也完全沒有品牌名稱，我很在意這些，因為我想建立一個品牌。（**你曾在大型公關公司工作過，會不會是因此而在意這些細節？**）可能是。我覺得我們要做好一個基準，遇到這情況就設法提升，但又要考慮成本，因此我就想到了找 Google 合作。當時 Google 還沒有開放任何辦公室範圍給我們做活動，我就寫了兩份計劃書，建議他們開放辦公室給我們，去講有關女性與科技的題目。Google 當時真的開放了位於銅鑼灣的辦公室給我們舉辦講座。這也是我們節省成本的做法——靠大公司提供的資源。

這是一個很成功的方法，大公司之間會跟風，其他公司看到連 Google 也跟你們合作，就會跟著也找你們。

這叫借力打力。因為這是靠其他公司提供的資源去做的事，我也一直堅信起步點一定要夠高，就像奢侈品市場一樣，即使不是這麼貴的價錢你也要訂高價，但可以打折。若你真的想做一些第二線的，也可以選擇開另一個生產線，只要你入了最高層的一群，其他層的公司就會追隨，導致做第二、第三層的成本下降。

黃安娜

● 黃安娜（右）和法國合夥人 Ines Gafsi

你在全世界的版圖中，內地市場的比例會不會比較大？

我覺得是一致的。中國的事業我一直都想做得更好，但仍然未找到可持續性方法，例如訪問 100 個女性的項目和製作一些內容（content）可能是一個比較好的方法。我覺得我們未必是局限在某一個城市，就像現在，我們在歐洲都有成立組織，而那歐洲的夥伴曾經是 Citibank 的 COO，辭了原有的工作來幫助我們，這是一個很令人興奮的事情。在東南亞也同樣，我發現我們未來的工作未必要受城市或地理局限，希望可以透過互聯網舉辦更多線上活動，多一點跨國的事務。同時也發現有一些海外的公司或政府，會想透過我們進入一個新市場，例如加拿大政府的領事館想在中國舉辦一些活動時，就會找上我們；Women's Tennis Association 想在中國

發展也會找我們，我們發現在每個城市設立多一點 FEW 的網絡，會有助跨地域的交流與貿易。

有關如何看香港年輕人在大灣區發展，其實那除了大灣區，更是一個關乎年輕人有沒有走出去、一個全球視野的問題，你對此又有甚麼看法呢？

我是不會局限自己在一個城市，我對於香港年輕人的看法也一樣，即使他們決定在大灣區創立公司或工作，但也需要多想想，如何利用互聯網走出去。我也明白，每到一個新的地方都會遇上很多困難，例如是法律或政府程序等，但我覺得這都是可以解決的，反而要想如何把自己的產品放在不同的點上。真的不要被地區所局限。

你到過這麼多地方發展，一定有很多水土不服的地方，你該如何處理？

也許這與我的性格有關，我是一個很喜歡認識新朋友的人，很幸運我在不同的地方也有不同的朋友照顧我。但大家認識朋友的時候要小心，有些人會影響你的工作與計劃，因此我在選擇工作夥伴與員工的時候也會格外小心。我曾經嘗試過因為一個人而影響到我原定的發展路向，特別是在中國；當然也有些朋友是良性的，總之就是大家需要「帶眼識人」。第二，我喜歡設一個高水平的準則。通常我會設立一個委員會，我覺得每一個人背後都有自己的資源，我的顧問或朋友的網絡與經驗都幫到我很多。第二個層次是營運業務級別，你要選擇一些可以幫得上忙的人加入。第三個層次未必是核心成員，但他們是大使（ambassador），現在我們在幾個城

　　　　　　　　　　　　　　　　　　　黃安娜

市也有大使，他們是很好的代言人。因此，我的做法是由顧問，到計劃一個委員會，再到大使，他們可以幫我在短時間內成功進入多個城市。即使同一層也有分不同的類型，例如是大使的層面，我也有分不同的類型，第一類是公司，我舉個例子，Citibank 的 COO 以前是我們的大使，他是一個代表；而第二類是女性，她們的社交網絡有特定的影響力；第三個就是企業家類。我一個人沒這麼多時間去兼顧所有的類別，因此我需要有不同的人幫助我，而在選擇這些人的時候真的需要用很多時間去認識他們。

我看過一個說法，指每個人的網絡最多只可以處理 150 個人，但如今我們在社交網絡上動輒都是幾千個朋友。你也是一個善於交際的人，你很清楚自己的人脈可以怎樣幫助你。這個佈局很好，但你認為為甚麼別人要幫助你呢？

對，我覺得「why」是一個很重要的問題，我們每做一件事背後都有一個目標，他們加入的第一個原因，就是 why。第二，組織的創始人和初創團隊也很重要，畢竟生意是由人做的。第三是回報（return），就是你能給予對方的回報是甚麼，你要清楚對方的目標，有人是旨在賺錢，有人是名譽，有人是權力。我個人比較常用的方法是講 why 和 return，因為那可以適用於不同的項目，反問自己為甚麼他會加入到這個項目之中，但當然需要有完善的包裝，令人覺得這是一個值得信賴的項目。人是需要有回報的，無論是金錢上或其他形式的回報也是很重要的。這也是我正在學習的，有時候太多 VIP，會有應接不暇的情況。我常常走訪不同的城市，因此也需要想方法去維持不同的關係；否則只有當你需要別人的時候才找別人，就不是太好了。

FEW 世界女企在新加坡的 2019 年年會，黃安娜（右三）和股東、贊助商和好友合照。

你身邊的人脈都是一些有社會地位的人，有沒有想過可以透過你的平台，去幫助不同的年輕人提升他們的技巧與擴闊視野？

早期我們仍處於初創階段，人力物力不多，因此選擇了服務一個特定人群；但慢慢發展起來後，我們也的確想幫助不同的年輕人。我們有一個孵化計劃（incubator），就是選擇三至五名女性進行重點培訓，我們大概預留了 100 萬港元的預算，參加者可以申請我們的資助，這筆資金是由多家公司和政府機構包括 Apollo、Swiss Re、Invest HK 贊助的，只要是

女性帶領的科技項目就可以申請。我們也把會員分成了不同的階段，一個是為有意創業的女性而設的，我們有導師、不同的課程等等可以幫助她們。

我覺得你很厲害，連政府部門（Invest Hong Kong）也願意撥款給你。

我們現在的註冊女性會員已經有 20,000 多個了，當中公司就有 300 多個，而大使就如剛才所說，是我們在不同城市的代表。今年從幾百間公司中挑選了 13 間公司進行孵化計劃，加以栽培，而在其中再挑選三至五間公司，可以申請我們預留的 100 萬港元資助，以及我們亦會幫這些項目找投資者。會員可以通過我們的平台參加不同的活動，也可以尋找顧問學習和預約諮詢。（**諮詢需要收費嗎？**）有些需要收費，也有一些是免費的；平台上也有一些短片可供會員自我增值。（**只提供給會員看？**）一部分是只限付費會員，有部分也會開放給大眾。這些課程其實也挺受歡迎的。

最後兩個問題，第一是你怎麼看大灣區，第二是你希望 FEW 如何發展，是 IPO（initial public offering，公開募股）還是其他路向？

粵港澳大灣區我覺得是一個很好的機會，我一直很想進入內地市場做特許經營，我覺得很難得政府有一個這麼大的發展計劃，並提供了不同的政策和措施，方便我們進入內地市場。我個人對此感到興奮，因為政府很推崇這個計劃，令香港、外國，甚至在新加坡也聽到有人對這計劃有興趣，可見對我們這些特許經營的商人來說是一個很好的機會，我是很

欣賞這個計劃。

至於第二個問題，我把這工作視為終生職業，很難找到一個工作是自己喜歡又可以賺到生活費的，我的理想生活不是賺很多錢，而是做一些對地球和其他生命有價值意義的事，因此我很願意一直做下去。正如我剛才說，有些公司有很久的歷史仍然屹立不倒，例如滙豐、麥當勞、迪士尼那些，我看待自己生意也希望這樣。就像迪士尼，他們創造了一些很賺錢的 IP，能提升商品的價值；他們還可以把生意搬到線上。我覺得這個項目有很多東西玩。（**你也應該有一個這樣的品牌。**）對，我對此很興奮。當然我也要對自己背後的投資者負責，就是希望為他們創造金錢上的回報，所以我也在找一些國際的公司進行資本上的合作。

最後，你對香港的青年人有甚麼建議？

試想想你在這個地球只會度過 80 年，現在拿起筆寫下在這 80 年的生命裡你想做的事情。不要怕別人的眼光，也不要怕失敗，用一個在地球體驗的心態，想想你在剩下的時間可以做一些什麼對生命有意義的事情。而我認為最好的方法是大家要走出去，走出去不是指旅行，而是看看地球上不同國家地方的民生、文化、機會與經濟發展等等，這些交流經驗可以啟發個人成長，幫助生涯規劃，也可以帶來一些商機。

黃安娜

02

曾菁菁

要清楚你想從事的行業有沒有特定的要求，與我們土生土長的地方即是港澳不同，一定要收集好全面的資料才開始創業。

學歷程度 碩士

企業名稱 佳英食品有限公司
公司職位 總經理

IVY TSANG

你為甚麼會決定從香港到澳門發展呢？畢竟當時的香港經濟情況也不錯。

我到澳門工作已經 30 多年了，當時年紀還小，在一家快餐連鎖店打工，老闆在香港做培訓，在澳門開分店。當時我負責培訓，但澳門那邊需要人手，老闆就問我有沒有興趣過去發展。我覺得這對我而言是一個新的環境，也是一個非常好的機會，因此 19 歲就選擇了到澳門工作。

你在澳門發展了這麼多年，大灣區這個概念出來後，你有甚麼感受？

前幾年我初聽到這個概念時，只覺得非常遙不可及，畢竟我也不是常常到惠州、江門那些比較遠的內地城市；通常自己比較常到的是廣州和深圳。當時的交通仍未普及，到廣州或深圳的市中心，坐車也需要三、四小時，因此以前到當地工作，其實差不多要耗用一整天的時間在運輸上，非常不便。除了珠海，大灣區的其他地方都沒有到過。

你在澳門工作，是不是很少需要回內地？

我不是光在澳門的，因為我當時工作的公司在珠海有開店，所以我也往返珠海工作過十年。澳門和珠海距離很近，過關非常方便，大概只需要十分鐘。而橫琴那邊，當年仍然人口稀少，只有 5,000 至 6,000 人，也沒有政策大力發展，非常偏遠。再者，當時由澳門到橫琴，也需要在拱北口岸過關，繞一個大圈，很不方便。現在從澳門路環的蓮花大橋可以直接過關到橫琴，一地兩檢，全程只需五至十分鐘。

你現在的工作，能不能介紹一下？

我現在任職的是佳景集團旗下的佳英食品有限公司，它持有英記餅家的商標。我加入這公司差不多五年了。（**五年，和大灣區概念出現的時間差不多。如今你主要負責的是？**）我在這裡主要負責英記餅家和佳英食品廠，佳英食品廠負責生產，我們的產品都在澳門生產和銷售，主要客源則是香港遊客，無奈這兩年因為疫情不能通關，很多香港人暫時來不了澳門，對我們造成很大的打擊。

我離開了之前的公司後，本來是打算移民的，但後來發現當地不太適合自己，就又回到了澳門工作。其實也曾想過回香港，但香港的競爭實在太大；而且我長年都在澳門，澳門已經成為了自己的家，所以想留在這裡。

英記餅家也屬於傳統行業，如今在大灣區的競爭也很大，英記餅家有沒有在內地發展？

有。現在的英記餅家開業其實遲了。因為內地在十年前開放自由行，當時很多內地遊客到香港旅遊，也會順道來澳門玩幾天，但當時英記餅家仍未開業。我老闆覺得這龐大的旅客量是一個商機，因此就收購了當時的英記並重新包裝，不到一年就開了五間店舖，然後繼續擴張，三年內開了 11 間。當時我們的客源主要是來澳門觀光的遊客，其中香港人和內地人的比例較高。大家都知道，澳門滿街都是做杏仁餅和蛋捲的手信店，我們的競爭對手也很厲害，除非你有一個「爆品」（很火爆的商品），才能在競爭中突圍而出。因此，我們的策略是把商品出口到內地，繞一圈後回到澳門，會比在澳門與

曾菁菁（後排中）與剛到澳門時認識至今的一班舊同事合照

其他兩個競爭對手硬碰硬更好。但如果要在內地這麼大的地方投資，我們人力和物力也比不上當地人，對當地的政策也不是很了解，例如政策、勞動法等，我們和內地有太多不同之處，在處事和經營方法上也不同。因此我們在內地註冊商標後，找了當地的代理商經營門市，銷售商品。

你在澳門和內地兩邊走，有沒有覺得內地改變了很多？因為內地如今很多電子化的購物平台，你們也有做這些直播帶貨的活動嗎？是由代理商處理？

很大改變。拿五年前比較，內地和今日已經很不同，現在的深圳和廣州已經非常成熟，特別是年輕一代，經營模式也漸漸電子化。我們也發現內地在電商和電子貨幣方面很成功，五年前已經有支付寶，而無論香港和澳門，都是從疫情開始

之後才漸漸使用電子支付的。疫情之前，大家始終在懷疑電子貨幣是否可信，但在內地我只需要一部手機，微信戶口有錢，就甚麼都可以支付了；香港人雖然都會使用八達通，但八達通仍然未普及到所有店舖，反之在內地，你連買一顆橙也可以使用電子支付。我很記得有一次到廈門，我在街邊買水果時小販阿姨叫我用微信支付，當下十分驚訝於內地的日新月異；即使坐車也是用電子支付，沒有找零。由此可見，如今內地的現金流通少了，大多數人也是使用電子貨幣。澳門也是這樣。（**全民數碼化是國家政策，他們在嘗試電子支付時不像港澳人士有這麼多包袱。**）對，他們這方面的發展比較專注。

你覺得香港人或澳門人在粵港澳大灣區創業有沒有優勢？

我在內地看到很多商機，例如橫琴現在很受國家重視，更將其中一部分交予澳門管理。因為澳門地方小，國家就撥一點土地給澳門，從而支持澳門的發展。由此可見大灣區其實商機處處，雖然澳門面積小，人口也少，但在土地擴展後，供應和需求都會增加。因為大部分澳門人也會在內地消費，因此開放後，會對兩邊的經貿造成一個正面的影響。

優勢方面，在電子科技和電商的發展上內地的確佔了優勢，但在經營與管理上，我覺得香港人仍然比內地朋友的能力高。（**我也聽說，在管理和想法上，香港人仍然比內地人更靈活，執行上的責任感也強。**）對，這是一個文化上的差異，不獨指大灣區，而是整個中國內地。香港以前是英國的殖民地，教育也是以英文為主；當然如今內地的語言能力其實也很高，但在英文方面就不及香港這麼專。

◎ 日常工作會議

我有澳門朋友是把澳門視為跳板到珠海，從而進入內地市場。

> 對，也可以在內地買樓。如今澳門外資企業較旺盛，令樓價
> 高企，內地的樓價則比澳門便宜，因此有很多澳門人會到內
> 地買樓，當地的政策也配合港澳人士，例如你可以在澳門銀
> 行貸款到內地買樓。而且現在的交通網絡非常方便，以前我
> 們到橫琴需要 45 分鐘，現在則只需要 20 分鐘；甚至有很多
> 澳門人在珠海居住，就像香港人住在深圳一樣。

你從澳門到內地工作的時候，有沒有水土不服？

> 沒有。諸如飲食等方面，如今內地其實與港澳的分別都不大
> 了。不過一個人在外地，始終比較陌生和危險，所以我不太

敢在晚上出外。

澳門和香港都行一國兩制，公司註冊、僱傭、稅制等也和內地不同，你如何面對這個差異？

若只在當地生活是沒有問題的，若說到國家政策的層面，我覺得其實在於配合。正常來說你不會做違規的事，因此那些政策對我並沒有造成很大的影響。

你在內地逗留的時間長嗎？

也不是很長，通常只是一、兩天。以前在內地工作留得比較久，但也只有工作日會在那邊，到了週末就一定會離開。（**需不需要花費很多時間在來回交通上？**）我其實在珠海也有一間房子，而且我有兩地牌的車，可以直接開車從澳門到珠海甚至廣州，大概兩小時就到了廣州。現在比以前方便了許多，就算工作上需要出差到廣州或深圳，也就是兩小時的車程。高速公路真的是高速，一從天橋下來，很快就到了市中心。

你的公司未來會不會就粵港澳大灣區改變經營策略？

我們現在希望集中打造電商方面。除此之外，也希望在大灣區不同城市設立英記餅家的分店，讓更多人了解和買到我們澳門的特產。

近年澳門政府也希望把澳門品牌帶出去，我有澳門朋友得到澳門一個文創基金的支持，在廣州荔灣的文創區開設一家店舖，賣澳門品牌。你們在這方面有沒有甚麼計劃？

曾菁菁

我有聽過你所說的，但因為我們不屬於文創類，也不算特色店舖，因此就沒有參與。其他城市也有類似的活動，例如佛山有舉辦澳門街，希望一些澳門品牌可以參與其中，介紹澳門。這些活動我們就有參加。

你在澳門工作多年，覺得澳門與香港人的做事方式有沒有不同？

有，是很大分別。我覺得香港人真的擁有「獅子山下精神」，很刻苦耐勞。（**是否因為澳門產業太單一，工作上沒有其他想法？**）其實澳門政府是很好的，非常照顧澳門居民。澳門的行業很單一，只有旅遊業，而且人口稀少，只有 65 萬人，但勞動人口中只有 1% 至 2% 沒有工作，也就是 1,000 至 2,000 人，失業率很低。加上賭場對人手的需求也很大，大概八年前，有些澳門的大學生甚至放棄讀書去做賭場，薪水還很高。但這是前幾年的事了，現在比較少，因為國家讓澳門申請外勞，外地人可以到澳門打工，令澳門的人力需求回復穩定。

近年香港與澳門政府都鼓吹融入大灣區，澳門融入大灣區是否比較容易？

我想會容易很多。剛剛也提到澳門的工業比較單一，很多物資都需要靠外來供應。例如水果以前是經由香港進入澳門，也有很多資源是靠內地提供。在澳門很難從事生產或小型製造業，全都靠內地支援，因此走出去的機會比較大。

香港很多年輕人都不太願意回內地發展，你從商多年，對大灣區有甚麼看法？你覺得大灣區對中國的發展重要嗎？

澳門人就比較單純，比較願意到內地發展。國家如今打造了大灣區，單就交通而言，大灣區的道路網絡是非常方便的，令周邊經濟變得蓬勃，特別是人口的流動性上升，繼而刺激經濟和消費。我雖然仍然在這間公司工作，但大灣區的出現也激發了我對創業的想法，希望在近幾年內在大灣區創立自己的生意。

對於一些想在大灣區創業的人，你有甚麼忠告給他們？

首先，他們一定要很清楚當地的環境與政策，包括剛才提到的勞動法等等；要清楚你想從事的行業有沒有特定的要求，與我們土生土長的地方即是港澳不同，一定要收集好全面的資料才開始創業。（**是否應在內地先生活一段時間？**）我覺得也未必一定要生活在當地，如果你有朋友住在當地，也可以從朋友身上了解。其實現在內地的生活水平已經追上港澳，消費水平已經差不多。香港比較受國際品牌影響，而內地除了奢侈品是國際品牌外，生活上例如餐飲業，大部分崛起的都是內地建立的品牌，例如喜茶。它們的經營方式與港澳不同，主要是以連鎖店形式經營。

曾菁菁

03

梁家健

　　有些事情你以為正確的，但政策上可能不是這樣。大灣區很需要港澳人士的創意與背景，但很多東西也需要跟隨當地的政策。

學歷程度　**大學本科**

企業名稱　**珠海恆勢藍魔體育發展有限公司**
　　　　　澳門 Yume 運動品牌

公司職位　**創辦人、董事**

KEN LEONG

你對大灣區的認識是從甚麼時候開始的？當初你對它的印象如何？

大灣區概念一出，我就開始與夥伴著手研究。因為我們在澳門踏上運動行業時很辛苦，運動品牌的競爭很大。澳門只有60至70萬人口，本土加外國的品牌卻已經超過20個，因此我們就想方設法把自己的品牌推到另一個地方。在資源與經驗都不足的情況下，我們先想到離我們最近的香港；公司裡也有香港同事與設計師，我們就構思如何與別人競爭。發展了兩、三年，大灣區概念出現了，我就大膽地決定回去發展。畢竟大灣區當時只有名稱和概念，很多政策與措施都未落實，甚至我們剛回去的時候也是這樣。（**可能當地的政府也不知道如何處理。**）對，在內地做生意，事事都要與當地政府溝通，我們問有關大灣區的政策時，政府人員也老實告訴我們，有很多政策仍然未落實。每一個地方雖然都向著同一個目標發展，但處處的政策都不一樣，這對我們而言非常模糊，當時不覺得大灣區是一體的。（**但你們已經上去了，為了搶到先機。**）對。在澳門的困難，是我們辛苦設計的產品只有60至70萬人看到，也沒有很好的效果。當時有位前輩提出了不如到內地發展，因為內地很歡迎港澳人士的品牌到當地，於是我們就聽從了這個意見。我們在當地沒有租屋買房，我與夥伴們是天天由澳門到內地尋找機會，好像去上班一樣。江門和中山離澳門比較近，只需一、兩小時車程；若從澳門去深圳或東莞則需要三、四小時。回想起來，當時真的很熱血。

澳門市場小，是不是因此走出去的意圖會比較大？

的確會，因為澳門的土地和資源真的太少，市場規模也太小

了。由於市場基數太小，人口差那麼多，令澳門先天缺乏很多資源。先不談內地，就算只看香港，澳門與香港的市場已沒有可比性，例如舉行一場體育訓練，縱然澳門政府已經很盡力去協調，但始終需求殷切，場地方面我們需要漫長的等待；雖然香港也需要排隊，但起碼香港的選擇比較多。我在想，內地擁有很多空置的、未發展的土地資源，何不好好利用，互補不足？例如有消息，國家未來打算把橫琴撥給澳門，這是一個很好的機會。橫琴的面積比澳門還大，有不少地區仍然未被發展。市民可以向政府提出很多建議，政府也很樂意收聽，然後研究可行方案；而且橫琴不只是跟隨澳門的政策，也需要與珠海市協調。橫琴十分歡迎我們前往創業，我們亦已經跟主要官員開過幾次會議。

當初，橫琴只是有一部分地區由澳門管理，如今是擴大至整個橫琴？

我不是百分百確定，但以我所知，是整個橫琴。你所說的，是當初橫琴有一個給澳門人住的地區，叫「澳門新街坊」。但實際上，現在橫琴只有很多掛牌公司，實質落地工作的人卻很少。從珠海到橫琴平時連外賣也不願送過去，可見橫琴的荒蕪與偏遠。即使如今已經發展了四、五年，落戶的商家也是進進出出，仍然處於未成熟的階段。如果橫琴真的交給澳門，新的交通與過關政策落實，會令來往橫琴更方便，例如就算沒有公司與物業，也可以直接駕駛澳門車到橫琴，這是很吸引澳門人去發展的。澳門政府審批 5,000 至 10,000 個到橫琴的車牌，已經額滿，不論去觀光還是工作，這都反映出澳門人很喜歡橫琴。

　　　　　　　　　　　　　　　　　　　　　梁家健

香港也有類似問題，就是不能直接駕車到深圳或廣州，由此可見澳門版圖擴大了許多，而橫琴的發展也可以由澳門支撐，對嗎？

政府一定是研究過市場需求，才會把橫琴批給澳門。澳門作為一個國際旅遊城市，發展卻局限在一個這麼小的地方；我們雖然有很多東西想做，無奈澳門的天然資源太少了。例如最新一個橫琴與澳門的中醫藥項目，就很需要內地的資源幫助，共同完成這個計劃。若沒有橫琴這個平台，根本就發展不了。

當年也倡議過把深圳交給香港管理，但香港不願意，某程度上是錯失了一些機會。如今我從把橫琴批予澳門的政策中，看到了很大的可能性。這對澳門來說也相當有優勢，在人口和版圖上也有很大的擴展空間。

澳門人口的增長越來越快，住屋費用也越來越高，橫琴是一個很好的緩衝點。雖然橫琴的樓價也在上升，但仍然是澳門人的第二個選擇，我身邊也有朋友已經搬到橫琴居住。他們說如今兩地的過關和交通很方便，由澳門到氹仔和由橫琴到氹仔差不多，差別只是有沒有過關而已。

你為甚麼會選擇運動行業？

做運動業的，你本身必須很喜歡運動。我和夥伴都是喜歡運動的人，覺得反正大家都喜歡，不如把愛好轉為生意，從中賺錢，於是就開始了創業之路。運動是一個很特別的行業，因為做運動基本上都要一份堅持。其他行業可能只要賺到錢

就好，但運動是要喜歡才可堅持下去的。很多人都會想，運動怎麼能賺錢？連我自己也迷失過。就算你很努力想完成一件事，有時始終會遇上挫敗，我也曾經面對合夥人來來去去的情況，當時大家都對未來很迷茫，但慶幸大家都支持住了。

可否具體介紹一下你現在的商業形式？

當初我們成立了一個運動品牌，接洽不同公司與體育會，售賣一些運動服裝、食品、飲品、設備，甚至進行運動員的培訓，有足球、羽毛球等不同項目。其實運動產業市場很大，而且是有恆常性的，健身也算其中一環。例如香港如今健身房林立，也有運動課程，當人們對健康的關注度上升，家長就會從小培養兒女對運動的興趣，令越來越多家長關注這些課程。例如我們在惠州也有一個足球培訓基地，但因為惠州離澳門比較遠，加上疫情，我最近就比較少到那邊，一來一回都需要隔離。

因此，你們的品牌之下有不同產業鏈，例如是產品、培訓和球會。

對，我們有球會。也與大灣區不同城市的商人合作，營運了一個體育場，但主力是足球。因為內地的土地資源很豐富，他們也需要找一個專業的人來營運這些場地。我們在大灣區見到那麼大的場地得不到活用，於是就向他們尋求合作，幫忙營運、推廣、收生，就跟香港人租用運動場地一樣。內地有很多足球場，但缺乏做得好的，畢竟要做好一個球場，需要舉辦一些民間比賽支撐收入。在內地，足球是一項高消費的運動。在澳門大概 100 至 120 元一小時；內地的收費則比

較貴，好的場地需要 600 至 700 元一小時。消費高的原因，是市區土地不夠，要到郊外才找得到好的足球場。因此我覺得這是有發展空間的，而且市場基數也很大。足球是國家支持的運動之一，在發展的過程中，有很多政府政策可以配合得到。

內地為了防止資金外流，推行了很多政策，有沒有影響到你們的發展？

比較少。他們很熱情，很歡迎我們回內地發展，也沒有在政策上為難我們；只要上報和交計劃書，基本上也會得到通過。若你願意到內地發展，當地的政策是非常配合港澳人士的，雖然如果你做私人生意，實質的資助不會很多；但你如果舉行一些公益活動或宣傳當地的活動，政府會十分配合，甚至願意跟你出來站台。不過實際的資助是比較少，因為這幾年中國的經濟表現也不大好，而且最近的資金監管嚴厲，政府也不敢輕易批出資助。

以你現在的規模，應該有一個營運團隊，是用甚麼營運模式呢？

幸運的是，我們在內地有一個已經回去發展很久的前輩幫忙，他本身從事旅遊，現在改幫我們做足球培訓。我們又與巴西一個球會合作，創立了一個品牌做足球培訓，通過他們引入了不少巴西教練。巴西的足球水準在世界是有目共睹的，培訓方面也很成熟。除了學習足球技術，也可以順便學英文、葡文，訓練小朋友與外國人溝通的技巧，這才是內地最需要的東西。我們帶著這群巴西教練，到每一個城市都很受歡迎，令我們的營運變得更順利。我的合作夥伴已經搬到

中國澳門阿爾巴尼亞文化經濟促進會第二屆就職典禮，右二為梁家健。

內地，我們現在於五個地方發展，包括江門、惠州、中山、珠海、廣州；疫情之前，我們也打算在東莞和深圳發展，但計劃因為疫情而暫緩。畢竟過關也不是容易的事，有時候甚至會封城，希望疫情後可以繼續。管理方面其實不難，因為教練的工作很簡單，我們的主要職責是提供場地。唯一的難處，是疫情之下公共場所常常面臨封閉的危機，例如公園和球場，這時我們就需要與家長協調。除了巴西，我們也有葡萄牙籍教練，但他們大多留在澳門，巴西教練則比較喜歡內地，也許因為市場比較大，而且巴西也有一些名將曾在內地發展。有些教練同時會為我們的球會出賽，但由於現在不能用外國證件回到澳門，只可以滯留內地做培訓工作。外援球員對我們的球會是很重要的，因此我們今年一直都排在榜尾。

梁家健

做球會的投資和風險很大，畢竟與球員簽約也需要花費很多，你有沒有遇上甚麼問題？

澳門與香港不同，我們沒有職業足球員。但香港今年好像也不是辦得很好，新聞也有拖欠工資等的報導，也有球隊宣佈明年不繼續參加，香港超級聯賽下年只有六隊，可見投資其實很大。再加上港超的門檻也很高，要交幾百萬的保證金和會費。(**四、五百萬一年。**) 對，如果是優質的球隊，需要過千萬費用，很難維持收益，可見在香港做足球是挺辛苦的。澳門的費用雖然比香港低，但也是一筆不少的數字。幸好我們每一年都拿到資助，令球會順利運作。我們去年到珠海發展，是由橫琴政府牽頭的；我們希望未來的發展不只是一個球會，而是一個產業。球會如果能夠一級一級打入中國的職業聯賽，價值就會提升至另一個層次。

我們的球隊在珠海註冊，因為 20 多年來都沒有職業球隊代表珠海參加中國的聯賽，今年很多珠海領導也隆重其事，對我們表示支持。球隊名叫「琴澳」，意指橫琴和澳門，這是政府認可的，希望打出好成績，宣傳橫琴和澳門，令更多產業落戶，我們也可以獲得土地資源，這就是我們的計劃。例如恆大集團的壯大，就是因為他們的足球隊做得好，帶動球場周邊的產業，例如商場、交通與房地產等等，向政府交提案，獲得很多土地用作發展；希望我們也可以做到。足球是國家支持的運動，也是我們現在的主力，同時希望未來可以發展單車、馬術、羽毛球等國家強項的運動。

你已經在五個灣區城市發展生意，未來會不會想擴展至整個大灣區？

這是一定的，甚至我們不拘泥是否在大灣區，重要的是哪裡有契機，因此也到過重慶、成都、石家莊等地商談發展。不知為何，內地對港澳人士總是特別有興趣，也許因為很多報導都在說粵港澳大灣區，加深了他們對港澳人士的認識，產生了濃厚的興趣。（**除了大灣區，其他地方也很歡迎港澳人士去發展。**）可能我們在政策上比較容易配合。例如剛才說巴西與葡萄牙人，他們可以先來澳門工作，再經澳門進入大灣區甚至深入內地，比直接申請中國簽證去中國工作更方便，因為中國的工作簽證門檻很高。以足球為例，教練的國際牌照分很多種，你要有符合中國要求的牌照，加上各種證書齊備，才會獲批工作簽證。內地有不少外國人逾期滯留，例如廣州有幾十萬黑人，都沒有身份證明，可能因為如此，中國政府近年提高了工作簽證的門檻。而由港澳申請外國人進內地工作比較方便。

請介紹一下你們的品牌。

我們有自己的體育會，也有一個在澳門自創的運動品牌，叫YUME。我們的生產以運動服裝為主，器材設備則從外國引入代理。通常一個品牌會拉幾個球星或體育會，他們穿著這個品牌的衣服去比賽，就有一個直接宣傳的作用。這個經營模式是很難改變的，除了網上宣傳外，最好的方法就是找一些很帥很強的球隊穿你的品牌，令更多人認識產品的質量和設計。以前，內地的設計水平與港澳有一段距離，我們帶著港澳的設計到內地，他們會覺得眼前一亮；但現在內地已經進步到同樣水準，因為很多港澳設計師都會幫內地品牌做設計，於是行業的競爭就越來越大，還好我們有其他產業扶持。

⟡ 代表澳門演藝人協會參與香港無家者世界盃足球賽

你有一個產業模式，由產品、運動、球會，然後循環回到產品，對嗎？

對，起碼要自給自足，希望盡量用到自己的品牌。也有些特別情況，例如有人免費贊助時，為達收支平衡，我們也會使用別人的品牌。我們在不同地方有不同考慮，我們的管理方法，是每到一個地方都與一個當地的搭檔、公司合作，由他們幫我們管理，令我們不需要每天四處跑。畢竟「猛虎不及地頭蟲」，每個城市都有各自的文化差異，最好是交託給當地人。

也是，整個大灣區需要融合才可以發揮最大的力量。你覺得在大灣區創業，香港人或澳門人的身份有沒有優勢呢？

我不樂觀。因為你要很小心，很多事都要先得到通過才能做，這與香港或澳門不同。有時候在內地申請一張營業執照，可能需要長達半年時間，這是不同地方的差異。因為有時候他們需要做政治審查、了解背景，這的確是有難度。我不建議在疫情下回內地創業，畢竟有太多不確定因素；而在未來，我覺得大灣區對澳門人而言是一個很重要的平台。這不是一件容易的事，但可以一試。我不太了解香港，但與香港同事相處過，他們的工作節奏真的比澳門人快很多，而且很拚搏，不少澳門大公司的管理層也是香港人，看得到他們的做事方式。個人覺得，澳門人做事穩妥，是挺適合面對內地那一套的；創意、策劃上的工作，則香港人會有優勢，但在內地也需要經過層層審批才可以決定，不如香港與澳門般自由。因此港澳人士上內地發展，是各有各好。

你說的問題，是否因為你的項目常與內地政府有關？因為我也有朋友說，如今在內地開辦一間公司是很方便的事。

可能因為我們的工作大多要使用公共場所或政府的地方，會比較困難。同時也視乎城市，在整個大灣區中，有些地方仍然是比較落後的，開公司要經過六、七個部門審批。橫琴也是最近才實施了一站式的措施，我兩年前和最近都開過公司，這兩年間的確差了很遠；而在珠海，拿公司蓋章也需要到不同地方，不及港澳般方便。

大灣區很大，不同城市的發展速度與程度都不同，港澳人士需要有心理準備。

對。其實做每一件事都有難度，事前都需要決心。年輕人在

● 2021 年參與澳門曼聯球迷會聚會，活動上與贊助商和會員合照。

沒有負擔的情況下，是最適合到大灣區創業的時機，得到的經驗、看到的東西也更多。當初我們也覺得自己太遲創業了，那時我們都已經成家立室，不算是青年了。所以大學畢業後，其實可以到大灣區試試，住宿和飲食的費用都不高，是一個尋找自己理想職業的機會。

香港政府推出了一個鼓勵香港青年到內地就業的計劃，每人資助 10,000 元，內地公司補貼 8,000 元，即月薪 18,000 元，為期 18 個月。澳門有這種政策嗎？

我聽說澳門也有，但不算太吹捧。申請門檻很高，而且名額

不多、行業不多、出路不多，有很多朋友望而卻步。其實在澳門不難找工作，只是這兩年有疫情，才令失業率上升。澳門在疫情之前的失業率非常低，這是澳門的好處；環境好的時候，只要你願意就可以找到工作。

這對你招聘也有影響，在零失業的情況下，就是應徵者挑選工作。

對，忙碌和辛苦的行業會比較難請人，例如飲食業的樓面，基本上沒有澳門人願意做，因此需要依靠外勞。澳門的工作市場幾乎有一半也是靠外勞支撐。有報導抨擊政府輸入過多外勞，令澳門人沒有工作；但我身為澳門人就知道，有些被視為低下階層的工作沒有人願意做，才需要外勞填補這個空缺。政府其實也處於一個兩難局面，既有很多工作沒澳門人肯做，輸入外勞又被反對。但在疫情期間就解僱了很多外勞，因為在失業率高企的情況下先要令市民有工作，由不得你選擇，甚麼工作也要做。

你在大灣區發展的時候，有沒有水土不服的問題？

沒有，我乘搭所有交通工具都很習慣。我個人很享受自己開車的感覺，至少不討厭，畢竟在大灣區發展會有很多時間投放在交通上。在飲食上，我曾到成都和湖南，當地的香辣口味也可以適應；大灣區是廣東人地方，自然就沒有太大的問題。到內地發展，最重要的是不要怕四處跑，因為內地的公司都不會只做自己城市的生意，全都是以四海為家。(**香港年輕人可能不太習慣跨地域的移動。**) 我以前也常常到香港，當初也覺得從元朗到市區是一件很遠的事，小巴的車程需要 1.5

小時，不過現在方便了許多。剛上內地發展時，覺得 1.5 小時很久，現在覺得簡直是太快了。以前追求的是一小時生活圈，但現在已經習慣了兩小時生活圈。

香港行一國兩制，例如成立公司，僱傭法、稅制也全然不同，開始時你有沒有感到困惑？如何適應？

困惑一定有，因為有時候現實與想像不同，但不能改變就只能適應；也會怪責自己，為甚麼不先了解清楚才到內地發展。有些細節未必能透過文字解釋清楚，你必須到櫃台前詢問當地人才可理解，這些我都已經習慣了。而且內地的政策常有變動，這更需要常常詢問當地人，從而跟進最新的政策。作為商人，只可以努力適應。

很多政策都是「摸著石頭過河」。你覺得那些改變是向著好的方面，還是變得更繁複了？

我覺得是越來越方便的，例如開公司，可能由需要跑七個部門簡化到三個，甚至一個。有些政策的細節會不斷變動，但實際操作的時候就會明白，不是很麻煩的事。如今程序的電子化，令註冊公司變得很容易，我安坐家中也可以為橫琴的新公司註冊。這就是內地進步的地方，但有些城市仍然未達到這個地步。（**這在香港也做不到。**）我當時也很驚訝。可能一個星期前，創立公司仍然要親身簽名；一個星期後，你已經可以用電腦處理一切事務，只需要下載一個應用程式，提供一些身份證明的文件和照片，然後用電子簽名，整個程序就完成了。我覺得這比香港和澳門都方便，不過這也許只是橫琴對澳門的政策。所以說，大灣區其實只是一個大方向，

細節上每個城市都有細微的差異。這是大家需要留意的地方，而且每個城市的每項政策，其實天天都在改變。

你從澳門出發，發展至大灣區，對你個人生活帶來了甚麼影響？

因為我會有一段時間留在內地不回家，家人對此有些微言。他們很少機會了解內地，有時候不理解我在這裡的工作，我就叫他們多看看報紙電視，希望讓他們對我的事業更了解。不過家人對我很好，一直都很支持我，加上在生意上了軌道後，對我就更加放心了。唯一的難處是與家人的相處時間少了，況且我的小朋友還小，需要通過電話或視頻通話保持聯絡。

你的家族在澳門經營餐廳，會不會希望你接手家族生意？

也許他們知道我志不在此，因此沒有提出過這個想法。但他們也問過我，有關把澳門餐飲品牌引進內地發展的問題，我卻覺得現在不是一個好時機。畢竟現在內地租金比較貴，特別是商場店舖；如果位於人流興旺之地，租之前更需要繳付 30 至 50 萬的「誠意金」，不設退還。我覺得這就像「未見官先打八十大板」一樣，比較接受不了。我當初也想過在橫琴開店，因為當地有不少免租期或裝潢費的優惠。幸好當初沒有把想法實施，不然受疫情影響，一定會賠上很大的損失。橫琴現在人流仍然很少，就算建了高樓大廈，裡面也是人煙稀疏。

你有想過把運動與餐飲結合嗎？例如我有朋友開了一間 NBA 主題餐廳，裡面擺放了很多球鞋等等。你可以以足球為主題。

◉ 2020 年世界電子競技錦標賽電競實況足球世界盃季軍獎牌，成為歷來首位拿到該項目獎牌的中國人。

其實我一直很嚮往，本想開辦一間以曼聯為主題的餐廳，我記得香港也有一間。但是例如展示模型或產品等，需要處理很多版權問題，需要很高的成本；還有人流基數的問題，你開一間主題餐廳，不喜歡這個主題的人就不會感興趣，特別球迷在這方面更是執著，客源比較窄。因為想不到可以怎樣營運，再加上疫情，暫時擱置一下，日後如果有餘錢會嘗試開一間。不過 NBA 比較好，畢竟是一個聯賽，所有球迷心儀的隊伍都在這裡面。

你對在粵港澳大灣區發展事業的未來有甚麼計劃或概念呢？

當初我們單純覺得，大灣區的市場一定比澳門大，因此就到了這裡發展。計劃方面，因為我們需要配合當時的政策，而政策卻一直在改變，因此不是現在可以預計的。我們沒有對未來的計劃書，因為需要先做好現在的基礎，再考慮下一步。畢竟疫情對我們的衝擊也很大，而且計劃總趕不上變化，所以對未來並沒有一個很具體的計劃。

澳門政府是否積極鼓勵市民融入大灣區？

是。澳門這幾年的愛國教育實行得很好，因為很多愛國理念也緊扣大灣區，現在到處都是大灣區的同鄉會與商會。在愛國教育下，澳門政府十分支持澳門人到大灣區發展，在不同的地方也能看到很多「粵澳融合」的口號。

對於想在大灣區創業的人，你有甚麼忠告呢？

不要太急進，步步為營，有些事情你以為正確的，但政策上可能不是這樣。大灣區很需要港澳人士的創意與背景，但很多東西也需要跟隨當地的政策。

梁家健

04

李柏亨

　　每個地方也有它的重要性，不會有一個地方特別重要。我相信國家有自己的規劃和部署，每一個城市也有屬於自己的角色。

學歷程度　MBA

企業名稱　香港學師匯
　　　　　　學師匯流（廣州）教育科技有限公司
公司職位　董事總經理

你對大灣區的認識是從甚麼時候開始的？當時你對它的印象又如何？

我從 2003 年開始已經在內地有一些發展，但第一次聽到粵港澳大灣區大概是在三年前，因為有新聞提及，當時也有一些從香港來的「睇樓團」想在這裡投資，從他們口中會聽到。當初我沒有怎麼留意，但漸漸聽得多，例如大灣區是由「9+2」城市組成等，有點基礎認識。我也去過大灣區的其他城市，覺得這是一個好商機。因為不同城市有不同的特質、面貌與文化，也分佈著不同的主要產業，你可以按照自己的興趣到適合的城市發展，就不會有選錯城市的問題。因為我早在有大灣區之前已經回來發展，計劃推行後，我就很容易理解每個城市的角色。

你從事教育相關的行業，能不能說說你創業的經過，和選擇廣州的原因？

我中五畢業後做過銷售、市場管理、IT、工程，有一陣子流行科網，也自己做過網頁，但最後都以失敗告終。我有個朋友是替人寫網頁的，當時他接了寶馬、Benz 等名廠車的項目，一個網頁差不多賺過百萬，但他在內地請幾個頂級設計師只需要幾千元，我覺得這是一個賺錢的空間，於是也想自己嘗試。我在香港最後的工作是補習中介，但當時去掉工資和租金後其實沒有很多盈利，所以就去內地發展相關生意，從深圳請一些會講廣東話的人幫我跟進客戶，當時 2,000 多元就可以請到一個員工，成本降低，省下來的就是我能賺的錢。

現在我做生意主要在廣州，因為工作上經常需要和香港方面

聯絡，而在廣州比較容易找到一些會講廣東話的人；第二因為我太太是廣州人，因此就選擇了廣州。用電話與客戶聯繫，大家都說廣東話，就算我們中心在內地也沒有關係。

你是看到了兩地的落差，可以擴大利潤。你現在的業務內容是？

我們針對香港市場，做一對一上門補習的中介，透過網上平台把學生與適合的老師進行配對，幫他們把費用、時間等細節協調好，就可以上課了，而我們的收入主要是中介費。我們營運了近 20 年，累計已經登記了大約十萬名老師，香港的大學生幾乎沒有人不認識我們公司。而透過這些師資，我們也希望在內地發展，為內地學生提供一些線上培訓。因為我發現，內地的優良師資大都集中在「北上廣深」等一線城市，二、三線城市則比較少，因此我們希望不同地方的學生都有公平機會接受優質的補習教育，我們也可以從中賺取利潤。

內地有很多教育機構，一線城市的老師收入非常可觀，有深圳朋友告訴我，一個英文名師的月薪可以有幾萬元。香港老師在內地市場是否有競爭優勢？他們的發展可以有多好？

其實內地學校的英文教育系統有問題，學生們從小一讀到大學畢業，可能也說不了一口流利的英文；也可能是老師本人的發音不標準，夾雜著普通話拼音的口音，因此整體而言，在內地比較難找到一個好的英文老師。而我們香港的老師，除了發音比較正規，國際視野的知識亦比較有優勢，這麼好的資源，在內地其實非常搶手；而且不少內地家長已經富裕起來，他們對子女學英文有要求，我們不少老師也是牛津、

李柏亨

哈佛等名牌大學生，家長們都很願意付更高的價錢去請這些英文老師。內地學生藉著和這些老師的交流，除了學習英文，也能了解到外國名牌大學的氣氛和文化。

競爭市場上，因為內地大部分校外教育中心也是針對 K12 教育（即小學 6 年、初中 3 年、高中 3 年，共計 12 年），投放了很多的資源與很大的團隊，所以我們不會跟他們競爭，一來搶不贏，二來利潤也不一定高。我們的優勢是英文，因為他們很難請到好的英文老師；另外，內地也很缺乏和出國留學有關的資格試的老師，例如 DSE、SAT、IB、AP 等課程，甚至有些內地的培訓機構也是透過我們請人。由是觀之，市場缺乏這方面的人才，我們通過線上直接進入這個市場，肯定有很大的發展空間。我們會按老師的學校和成績、家長回饋的意見、學生成績有沒有好轉、會不會與學生溝通等等，以評定他們的能力，客人只要付出相應的價錢，我們就會提供一名有經驗有質素的好老師。

國家希望港澳青年融入大灣區，而我做這一行，接觸年輕人比較多，知道他們其實不太了解國情，所以我希望可以從香港師資，給內地學生提供線上補習。一方面香港年輕人可以賺錢，另一方面又可以了解內地的真實情況，若以後有興趣，也可以透過我們的平台在內地就業。（**香港人對內地的認知很多仍然停留在過去，與如今的模樣有很大落差。**）因為只靠跟他們講是不足夠的，讓他們有錢賺才最直接；再者香港的學生市場正在收縮，出生率下降，老師很難找到工作。在這情況下，不如讓他們嘗試教內地生，增加交流和接觸，就會知道其實內地生不如想像的差，提高他們對內地的認識。若發現可以接受，他們就會願意進一步了解，看看是

　　　　　　　　　　　　　　　　　廣州

否適合自己未來的發展。我們一個全職補習老師的月入可以到兩、三萬元,比在香港打工更好。在香港補習可能收 100 至 200 元一小時,內地卻是彈性收費,也許有家長願意以時薪 300 到 1,000 元聘用你。一天只上幾小時課,已經賺到不少。位於南沙的香港科技大學霍英東研究院也很認同我的想法,給我提供了一些政策與支持,也聯合辦一些活動,希望吸引更多香港年輕人回內地就業、置業與創業,藉此減少分歧與誤會。

你已經在內地娶妻置業,你覺得香港人的身份在大灣區創業有沒有優勢或劣勢呢?

我當年回來創業的時候,優勢是懂得管理,而且國際視野比較廣闊,也知道每個地方的差距,例如內地的租金和工資都比香港便宜,我就是利用這個差距從中獲利。但如今兩地的差距越來越小,因此我們也改變了公司的發展路線。我們發現中國的一線城市很發達,人才匯聚,但二三線城市還沒有那麼成熟,這就是需要我們的地方。例如在鄉下,學歷不高的女性會從事美容行業,但她們的技術是不專業的,因為不像香港有 IVE 等培訓課程。內地當然也有職業學校和技術學校,但只是做個門面,隨便教、隨便讀,目標只為一張畢業證書。因此,當中就存在一個空間。我有和政府討論過香港與內地資歷互認的問題,例如憑著香港的 IVE 證書可以在內地就職,透過這個方式把一些香港的技術人才轉移到內地,再加上香港人的國際視野和管理能力,整個發展會更快。(**但推行上不容易,可能會牽涉到政府的政策。**) 是的,事情還未落實,但已經在商討中。根據我們這些前人的經驗,香港人到大灣區一定會遇到很多問題,其中一個就是學歷不互認。香

　　　　　　　　　　　　　　　李柏亨

● 日常的工作都在線上操作

港或其他外國的大學證書如果在內地不被承認，難道年輕人努力讀完大學，回來後卻要降格成中學畢業？這是一件很不可思議的事。如果有人讀了技工、廚師、物理治療等的職業證書，而內地不承認，那麼是要在內地重讀，還是有其他方法呢？如今內地那麼重視證書，但缺乏資歷互認，該如何進一步融合？

我也很同意。香港政府也有政策鼓勵年輕人回內地就業，例如 18,000 元薪金補貼，當中機構給 8,000 元，香港政府補10,000 元。你覺得這個計劃如何？

我覺得不太有效。像騰訊、華為那種大企業，並不會常常需

要聘請人才，香港人也不一定有那個能力被錄用，進不去的可能有九成，那些人又如何呢？另外，計劃只有 2,000 個名額，資助不到很多人，只是幫助政府做宣傳而已，而且在內地請人也不用那麼貴。（**有公司表示連 8,000 元工資也不值得。**）是真的。我們做教育，除了想幫香港人賺錢外，也希望幫他們落地，因為如今很多政策仍然停留於口號，有些資助其實一分錢也拿不到。畢竟世上沒有免費午餐，例如若想得到資助，可能要在一間公司實習或工作一年；若你是創業者，則可能需要先投放一筆資金，然後政府在一年後還 20% 給你。但老實說，不是每個香港人都有這麼多資金可以投資，若有這樣的機會和能力，早就不需要政府的資助。也有些情況，是你達到某個營業額才會免稅，但那個指標不容易達到，即使成功也只是免稅一年，來年達不到目標還是要交，不然就變成逃稅了。

但有朋友告訴我，他們在某些地區參加比賽或者申請政府補貼，是真的可以拿到錢的。

真的很少。的確我知道有些基地，會把你這一年交的租金、水電等歸還一部分給你，你可能覺得賺到了，但算不上很大的優惠。比賽方面，我覺得內地不是太公平，很難贏到比賽。

你回內地這麼多年，有甚麼水土不服？

大部分已經習慣了，但生活始終有點不方便。例如政府說我們要申請一張居住證，我就馬上去辦，但拿了之後卻不明白這張證有甚麼用。去政府機構，他們有時候要你出示回鄉證，有時候又需要居住證，非常混亂。（**這是一個普遍的現**

　　　　　　　　　　　　　　李柏亨

象，上面的政策下面不知道如何執行。）一些企業的處理更加好笑，例如我沒有身份證就不可以用叫車服務、一些雲端伺服器也做不到實名認證，你要聯絡客服，幾經波折才做妥。一件本應很簡單的事，用香港人的身份就會變得很麻煩，特別是一些政府程序。香港實行一國兩制，我們也是中國人，但內地的種種不方便，都讓我時刻覺得自己是一個境外人士。

因為一國兩制，彼此仍有很多不同之處，希望以後有個系統能處理這類問題。除了你提到的不適應外，例如成立公司方面，僱傭法、稅制也是全然不同，你又如何面對？

當你在當地打過工、創過業，慢慢就會明白和習慣。即使你去外國，其實每個地方也有不同制度，只是需要時間理解。

內地有很多潛規則，表面和實際是不同制度，如今你還有遇上這個問題嗎？

有，但已經少了很多。例如在國家層面，中央下了新政策；但地方層面，如果政府不想馬上執行，怕工作量重了、怕承擔責任，就會用拖字訣，令每個地方的政策有時間差，不統一。但如今政策的執行是白紙黑字，也有各種投訴機制，讓我們在條例不落實時反映，令現在的制度比以前更透明。（**如今政府部門已經很主動幫助人民。**）是。

在大灣區創業對你個人的生活有甚麼影響？

在這裡比香港住得舒適，同樣的價錢，這裡的房子更大更舒服，環境也沒有香港這麼壓抑。我看過一些影片，說現在香

港住屋的床平均 90 厘米，雙人床也只有 1.2 至 1.3 米，但內地的床都是 1.8 米的。其他方面，其實內地的一線城市，生活文化都跟香港沒有甚麼分別，反而香港很多時更加落後。（**但是香港很多人覺得香港的生活比內地好。**）我聽過一個數據，指香港 700 萬人中只有 100 萬人有回鄉證，即是有 600 萬人從未去過內地，因此對內地的印象仍然停留在上個時代，覺得很落後；如今內地又乾淨又有效率，香港沒有可比性。

事實上，的確有不少香港老師比較抗拒與內地接觸，對你的事業會不會造成阻力？

未必會。我覺得改變需要一步步來，我不會分顏色，畢竟我是一個商人。另外我們有數據，知道這十年間有很多內地人到了香港，我們現在有超過一半的家長客戶都講普通話。因此我一點也不擔心，抱強烈反感的人其實只佔少數，甚至大學生之中也有很多內地人。

近年經常鼓吹香港青年融入大灣區，你對此有甚麼看法？你如何看待大灣區在整個中國內地發展過程中的重要性？

其實每個地方也有它的重要性，不會有一個地方特別重要。我相信國家有自己的規劃和部署，每一個城市也有屬於自己的角色，只是因為大灣區在地理上與香港比較接近，因此才會鼓勵香港人融入大灣區，實行上比較容易。大灣區成功後，可以像「一帶一路」般把方法套用到不同城市，從而帶動一些相對落後的地方作進一步發展。

李柏亨

你也提到「一帶一路」，但它給香港人的感覺一直都比較陌生，因為牽涉的地方都很遙遠，令人覺得和自己沒有關係。另一方面，大灣區的口號則是「引進來，走出去」，你有沒有想過你的生意也可以走出大灣區，出國發展呢？

有，我做國際考試相關的教育生意，也是希望透過我們這個平台可以令內地學生走出去。內地的確是缺乏這種資源，香港人普遍英文方面比較出色；因此我希望訓練一群英文好的師資，提供一些講述中國哲學、文化等的英文課程，教授給內地同學，令他們和外國人交流時有足夠的語言能力，傳揚中國的傳統智慧、現今狀況、五千年歷史屹立不倒的原因等等。因為內地有一點比較弱勢，就是外國的資訊可以鋪天蓋地進入內地，中國人卻沒有足夠能力去辦一些英文傳媒，或把公眾號的內容或中國新聞等翻譯成英文，令外國人了解內地的最新資訊。雖然如今國際政局不穩，但我覺得年輕人的交流應該沒有政治之分，而是和平地互相分享，令下一代的外國年輕人知道內地的實際情況，這是我想做的。

香港也有這種情況，很少內地相關的資訊。就算有，要不是負面新聞，就是官方內容。但其實每個地方都很有意思，只是少被提起。對於一些想在大灣區創業的人，你有甚麼忠告？

放下成見，用心了解。其實大部分人都沒有用心了解過，只是知道一部分，以偏概全，又或是被別人片面的言論影響。我覺得需要時間放下成見，慢慢接受與了解內地，如果仍然不喜歡，至少這也是你深入認識後的結果；但也許在親身嘗試後會有所改觀。我覺得每一個城市或國家都有好與不好的地方，我們應該學習好的地方，而有不好其實是好事，因為

我們可以透過改善它而賺錢。

你對中國內地現在的發展有甚麼感想？香港年輕人最重視的是自由與民主，你在內地自由嗎？

國家發展得非常好，我對此非常有信心。我也很自由，你喜歡做甚麼也行，甚至可以罵政府、可以投訴。只要你說的是事實，他們都會接受與改善。因此我很痛心如今的香港年輕人，很想幫助他們。

李柏亨

05

林峻朗

　　終身持續學習，利用各種創新及可持續發展的模式，為自己的身體健康作出努力，為家庭帶來穩步成長，為國家發展作出貢獻，為世界注入正能量。

學歷程度	倫敦帝國理工學院生物醫學工程一級榮譽碩士
	機械工程博士
企業名稱	大藍蛇科技（香港）有限公司
公司職位	董事總經理兼創辦人
擔任公職	大灣區港澳人才協會創新科技委員會主席

AARON LAM

你對大灣區的認識是從甚麼時候開始的？當初你對它的印象又如何？

對大灣區的認識，要回到 2019 年左右，當時我在香港創業剛滿一年，公司是 2018 年中創立的。剛好團隊中有一些內地朋友，他們說我的資歷符合申請內地的資助政策，建議我去了解一下，有問題的話他們也可以幫我。但當時我公司正孵化於一間國外知名的孵化器（incubator），工作非常忙碌，初期還未有時間了解其他事。待過了最忙碌的時期，我才開始了解他們說的政策，當時內地政府推出了一個框架，旨在推動港澳人士到內地創新創業。這在當時是一個較新的概念，而政策亦不斷推出和更新，為了真實了解，我便直接搬到了內地居住。

你在香港的時候已經在孵化器中，項目是甚麼？

我的項目是一個精密製造工藝設計的雲平台，目標是將平台技術應用於設計任何需要把原材料轉化為最終產品形狀的工藝上。這個項目的目標客戶群不在香港，後來我們發展到已經需要在內地有一間實體公司，以便對接內地的客戶，因此與以上提到那些朋友的建議不謀而合。我在決定內地的創業地點之前，早已開始了解過不同地方的相關配套及政策，例如也跟你去過廣州，最後發現以自己的資歷背景，在深圳是能獲得比較大額度的資助；而且深圳與香港的距離比較近，這裡也有很多廠商前輩，因此我就決定在深圳發展。

深圳在大灣區的定位也是注重高新科技、金融，一些高端人才的政策也是深圳先行，這是否對你的誘因？

對。深圳不只是先行，條件對於初創公司來說也是最吸引的。例如在珠海的獎勵有一層樓，可是要工作幾年才可以擁有，不確定性很大。而深圳是直接給到獎金，可以直接投入到自己的項目裡，因此對一間真正有心做項目的初創公司來說，肯定要比一個不動產為好。

人才政策方面，因為我博士畢業於全球排名十名以內的倫敦帝國理工學院，內地一般對於我們這類人才的獎金補貼十分之高。但即使是一般的大學博士畢業生，在深圳也起碼可以拿到幾萬人民幣的補助。幾萬元已經足夠支付你在內地創業時前期的款項，例如一年的租金，從而節省創業成本。這些補助本來只是提供給深圳市市民，在新政策之下當時也開放了給我們港澳人士，而一些額度較普通的獎金的話，政策初期對於港澳人士的申請門檻也較低，條件比較寬鬆。

這對你起步的發展有直接幫助，畢竟創業最難安排的是啟動資金。你的經驗中，申請這些補貼的所需時間及手續繁複嗎？

我到內地發展的時候，並不是旨在這幾萬元的補貼，因為我過去的時候還未有這項政策。我大概是於 2019 年 5 至 6 月左右到內地發展的，而真正開始探索這些政策，則是在那年 10 月到 11 月之間。因為，我的目標本來是另一個七位數人民幣的大額現金資助，是兩回事來的，但在申請的途中卻遇到了一些系統的問題，同時因為手續繁複而需要等候。當時我需要提交很多在香港不需要的證明，例如出國留學認證等，過程花了一點時間。就算我很早就去了解相關申請程序，但因為我是向當地人打聽的，當時就沒有想到身份上的差異會令申請程序複雜這麼多。香港人的身份令我需要提交很多額

外的證明文件，也因為如此，大額資助的申請遲遲未得到批核，於是就把目光轉移到普通資助。普通資助包括對場地、社保的補貼，而這對香港人來說可算是「零成本創業」。當然你要先投放一點資金，但這些起碼在短時間內可以得到可見的回報。

香港的市場可能未必足夠，你是否覺得自己的項目在內地較有優勢？

不是不足夠，而是香港根本沒有這類發展對象。因為我做的工藝比較偏向重工業，而香港多年來也是偏向輕工業的，近乎百分百，例如手錶那類，零件製造也是一些相對小而輕的。因此北方的客戶會比較適合我們公司。（**香港的重工業以前也有造船，但式微已久。**）因此我們當時就決定，必須在內地有一間實體公司運作。雖然當初缺乏推動力，但認識到一些朋友，知道有一些可見的方向與回報，加上我是香港人，於是就選擇了深圳。我也嘗試了解過不同城市的相關政策，發現還是沒有一個地方比深圳更好。（**因為深圳比較近，各方面容易適應？**）我不太在意距離的遠近，在意的是資金額度和使用時的彈性。就如我剛提到珠海的例子，雖然樓價能升值，但我並不是為層樓而來，我是想要資金以推動項目。其他城市也有相關的政策，但它們都是仿傚深圳的先行先試，但其實深圳早已發展出了其獨特的生態系統（ecosystem），其他城市很難完全複製，故我選擇了深圳。

內地很多城市也有重工業，例如瀋陽、重慶和武漢。你選擇了回深圳發展，而你的項目也是一個專業領域，你在進入內地市場的時候有沒有遇到困難？擔不擔心？

沒有，當時我們在一個孵化器中，而投資者沒有給予我們太多思考的時間，算好了利潤，定好了目標後就得往前走。因為時間過於緊迫，根本來不及擔心與考慮。

有沒有想過公司的規模可以多大？你是做研究方面的，有沒有也參與公司的營運，例如尋找客戶和生意？

當時我們只做深科技項目，完全不會考慮做其他種類的項目，例如零售等等。我們這類項目的市場一定要夠大，預期市場規模起碼要達到百億美金，才適合深科技風險投資。我們很幸運，剛出來創業已經被投資者看中。（**不用煩惱如何籌備資金。**）對，因此我當時有足夠的資金和空間去思考商業模式。很多工業流程也要使用模具，很多人都說銀行是百業之母，而模具則是工業之母。單是中國內地，模具方面的市場已達千億人民幣規模，如果市場不夠大我們是不能做的，我們只能做足夠大的項目，才能合乎團隊成員所付出的機會成本。

你剛到內地發展時，過程順利嗎？

其實是挺順利的。我在香港公司的時候，偶然參加到一個在內地規模很大的會議，齊集了全中國的大型廠商，他們全都是我公司解決方案的潛在用戶。他們大多是生產零件的，而我則是一個平台去幫助它們生產零件；會議在深圳福田舉行，我從中認識了很多朋友。他們大多較年長，而我年輕、香港人和海歸的身份就很容易得到了他們的關注。我有一個在會中認識的朋友，他四處尋找客戶，而交談過後我發現我們的客戶類型十分相似，大家也是做工藝流程，他需要到不同公司了解客戶的需要，並以人手的方法做；我也一樣，但

　　　　　　　　　　　　　　　　　　林峻朗

我想以自動化的方式去做。剛好他也會廣東話，我馬上就好像多了一個免費的推銷員，他幫我跑業務。當時投資者與我定了一個行程，是 7 天內要見 14 個客戶，這也是為了滿足投資者的業務要求，而我到內地公幹一定要拿出點績效來，若不是認識上述的朋友，我的績效是不可能達成的，因為我沒可能一時間有這麼多客戶資源。（這是一個很特別的機緣。）對，如果他不會說廣東話，我們就不會熟絡，他是幫公司打工的，而當他出去跑生意時自然會得到他公司給他的預算，而我就可以坐他的順風車從而節省開支。若我不參加這個會議，就不會認識到這些朋友和客戶。那些身處北方的客戶，在香港的人一般是很難接觸到的。其中我最難忘的經驗，是到訪了內地一個生產衝鋒槍的兵工廠，他們使用豬油當潤滑劑，整個工廠也彌漫著豬油的香味。剛剛進入內地市場就可以接觸到這些資源，真的是需要靠與別不同的人脈關係才行。

你覺得這個產業是有很大的發展空間，還是要進入這產業其實有一定困難？

我先說好處，我剛剛提及的會議，主題是智能化生產，這和我的項目目標一致，因此與會者於彼此之間已經有一個共識。但財務數據與生產數據的分享，則是各廠商要面對的共同問題，因此才需要有這樣一個會議。例如從事會計軟件的公司，會掌管很多企業的財務數據；我則是做生產數據的。這裡有一個情況，就是大家比較敏感，怕自己的數據外洩；而即使大家都願意提供自己的數據，也需要一個人牽頭，例如一個內地的政商人物。因此在成功做出一個平台後，其實也需要內地政府支持。

●疫情前與英國的同窗好友敍舊

●與工程團隊於 630 噸四柱垂直液壓機前留影

　　　　　　　　　　　　　　　　　林峻朗

這是中國內地與外國市場的不同之處嗎？

我覺得這是最大的不同之處。如今要做深科技的初創企劃一定要做平台，因為具有可擴展性；但在內地實行時會觸動很多問題，是需要政府助力解決的；在外國則不同，很多時你只需要使用經濟效益成功說服客戶的 CFO（Chief Financial Officer，財務總監）就可以了。但在這邊，你需要人脈互相幫助，有更多層級上的事情需要考慮，而在外國則是用不同的手段說服 CFO，只要算好帳目，就可以相對專注地做自己的事情。（**這樣一個落差，你如何處理？**）當時沒有對我造成影響。如果我是外國人，擁有著外國人的面孔與口音，我或許會因此而感到難過，因為這是天生、沒法處理的問題，但因為我本來就是中國人，就知道這是有途徑解決的，加上當時我的資助也差不多能發放了，就沒有太多顧慮。

你申請資金一事，最後有沒有拿到？

沒有。疫情爆發後出現了很大的落差，因為到了申請的最後一步，會有背景調查人員負責查崗，查崗時需要我本人親身在內地，如果早一年辦，應該已經處理好了。我等到 2020 年過年後才有消息，但那時已經出現了疫情，重新通關後需要查崗我又不在，所以最終未能得到資助。到目前為止，我單計在深圳的投資回報仍然是負數，最初是希望以無成本換取大額資助，但因為疫情，變成了負投資回報。（**如果當初選擇長駐深圳，結局會不會較好？**）可以這麼說，但因為我在香港也有業務要運作，不可能長期不在香港；再加上家人的顧慮，他們不希望我在這麼亂的時候長時間在外，除非資助單位能明確告訴我需要現身的時間，好讓我準時回到內地；

若沒有準確的時間，事件就存在太多不確定性。也許是當時沒有太多香港人申請這個資助，他們也沒有設置一個特別針對港人的窗口，幫我們解決問題，如今因為疫情未能前往，情況就很無奈了。（**通關後可以繼續處理嗎？還是已經過期了？**）已經過了時限，也難以重新開始，因為該五年計劃也即將要完結了。

大灣區也有很多其他針對港澳人士的創業補貼，例如給碩士和博士這些高學歷人才。這方面你有打算嗎？

絕對有。這個項目其實在疫情出現後幾個月就擱置了，因為當時的大環境是貿易磨擦與全球疫情。我們的產業是工藝設計，牽涉環球供應鏈與製造業，正正是中國被壓制的重要一環。因為當時的供應鏈很混亂，客戶自己都存在很多不確定性，沒有人想聊初創項目。後來又爆發了疫情，大家都在生產口罩，聚焦點都不在各自的本業上。現在有希望重啟，希望透過參加一些比賽，累積人脈，在天時地利人和都合適的時候便會繼續。

項目這麼高端，你在香港的時候有沒有政府或機構的援助呢？

有，我們很早已經進入了數碼港。但當時（2018 年）香港的扶持力度比較小，我們的項目又比較大型，以香港的生活水平而言，這筆資助無疑是杯水車薪。但內地不同，內地的資助金額大，而且生活水平較低，人工費也低，於是可以推動一些大項目，加上客戶群也是在內地，這也是我希望可以有一個實體公司在內地的原因。（**內地的創業空間比較大，特別是你的項目。**）對。內地有很多部門，每個都有一筆用

來推動創新科技的資助計劃，這對於社會來說是很大的資源重疊，但對我們初創而言卻是一件好事，可以同時申請很多個資助。即使不是全部成功，但漁翁撒網，申請 100 個有 1 個成功即可；反觀香港，假設全港只有四個主要資助計劃，一落選今年就完了；即使成功，資金也難以支持公司處理大規模的項目，因為金額實在太小。第一是政府提供的金額小，牽頭力度不足。第二，很多本土的香港公司最後也到了新加坡，因為投資者可見的投資回報較香港高。這就是人才流失，他們在香港的大學畢業，在香港被發掘，最後卻到了新加坡發展。你可以看到人才是一批一批的離開，有好幾間與我同期一起成立的初創公司，轉到新加坡發展的幾年間公司已經升值到了上億元美金。人才流失的主因是香港配套不足，政府有一個很傳統的思維，是投資了一元就要有兩元回報，不然就不會投資。但現實的情況，也許是要先虧兩元，之後才會賺取三元。

我自己也是一個例子。我在香港的公司本來是準備關閉的，只是因為疫情加上示威活動，銀行有段時間連想開門也受影響，才暫時擱置沒有關閉。但亦幸好如此，不然我兩間公司都沒了。我本來是打算把香港公司關閉，然後把全部項目轉移到內地，變成一家純深圳公司。因為在深圳申請大額資助，要簽一個不競爭條約，即是在領取這筆資助後，就不可以在其他城市有相同業務。亦都由此可見深圳想得比較長遠，你在這裡領取資助，就要在這發展。不像香港，給了資助後，港人到新加坡發展，反而令新加坡獲利。（**真是很令人洩氣。**）對，因為看著很多人才流失。但因為疫情，香港政府被迫推動更多創新科技，而且融入深圳金融鏈的計劃現在開始更清晰了，當然我亦希望推動的力度可以繼續大力追趕。

● 2018 年成立大藍蛇科技 (香港) 有限公司

你覺得香港的官員有沒有能力帶領香港面對粵港澳大灣區的發展模式？

這個問題的範圍很大，我未必能夠說得簡短而清晰，姑且嘗試表達一下部分個人看法。以暫時看，香港沒有這樣具大局觀而又願意走進體制內的人，可能因為很多成功人士也是從小事起家，例如收租致富，易於滿足的人會覺得現在生活那麼舒服，為何要走進體制為自己帶來煩惱，而希望繼續挑戰

林峻朗

◎出席第 18 屆中國國際鍛造會議

的人大多數也只為個人利益出發，而因為他們從來就靠收租致富，在體制內亦只能局限於「收租思維」。但如今不是做地產收租那麼簡單，而是要帶領香港做一些頂層規劃及決定，帶領者需要認識香港整個複雜的社會結構，如今香港體制內缺乏一個目光長遠且會考慮大局的人。

我覺得如果只以一般人作比較，其實可能深圳人對商業模式的多樣化認識與頭腦會比香港人較好，原因是香港人一般是被訓練成專精一個專業，是一個領域的專才；而深圳或內地的人就會不停動腦走一些灰色地帶，有五花八門的經營模式。因此你問香港官員能否帶領香港人前進，這需要取決於那個人的眼光是否足夠長遠。

成功會令人「食老本」，失去思考動機和高遠的目光。大佈局與戰略本應由政府制定，香港卻過於聚焦金融地產業，賺取了利潤和名聲，卻失去了視野，新加坡這方面的確比香港優勝。深圳人的經營模式、目光高度和營利方法都比較多元，他們常常說自己是摸著石頭過河，因此比香港人更勇於嘗試與前進。

我有同感，但我認為這並不是因為香港人想不出來，而是香港有太多條例，限制了想像空間，人們不能創新，就像從學堂訓練出來那般，只能遵從學到的規矩和系統行事，凡會影響到現有系統的新想法、新模式，則立法限制。雖然有人認為內地體制會較為腐敗，但那的確創造了很多商業模式，不是勝在商業的高度，而是勝在想到就可以做的自由。我曾在深圳得到一些啟發，想在香港實現，但做了資料搜集，卻發現這在香港原來是犯法或各種持牌要求的，這些都令被資本限制的人不敢去想像，從而限制了各種創新經營模式的發展。

例如之前在數碼港有一個沙盒（sandbox）模式，合適的初創可以在沙盒中嘗試任何想像到的事，那是一個很好的倡議，但我個人亦不大喜歡這個模式。市場是殘酷的，可以顛覆市場、打動消費者的產品才會成功，若我被沙盒包裹，又如何測試市場對產品的真實反應呢？或許香港的沙盒概念，是希望系統不被顛覆，先給商人提供一個空間，經過精密計算後發現可行，才真正的進入市場。因此在香港很少創新，全都是別人的產品成功後再引入香港，例如 Alipay（支付寶），很多事情都是慢人一步。（**很諷刺，八達通當年其實是電子金融中最前衛的，現在卻變成跟風。**）不是所有外地產品都比香港好，只是香港需要改善一下監管模式，就如內地的

　　　　　　　　　　　　　　　　　　林峻朗

相關監管模式就比較張弛有度，雖然現在開始監管一些高新科技公司。我覺得這是對的，剛開始的時候，管治要放鬆一點，提供足夠的空間予創新者嘗試；在發展得太大、對整體社會而不是個別既得利益者帶來壞影響的時候才加以管制，起碼這有助新產品的誕生。（**一開始給予空間，到影響民生時再採取務實的監管，如近年的「滴滴出行」，在出問題後馬上叫停。**）我另一個猜測，是因為香港太小，個別關鍵決策者的人脈覆蓋面很大。例如 Uber 在港發展，要考慮會否對的士牌照有影響，影響到就不實行了，因為上層有既得利益者。反之，內地與此不同。的確內地也有很多靠關係的現象，但最高的層面始終是國家政策，不考慮個人利益。也許有數個決策者，但不可能全都是既得利益者，因此就可以相對公平地為國家決策。香港面積小，容易碰到熟人，故會出現這個問題。大灣區的好處，就是即使是香港最大的決策者，也不是區域及國家內最大，亦需要面臨多方面的壓力和競爭，這樣能帶來進步。

你覺得香港人在大灣區創業仍然有優勢嗎？

比較難，我的看法比較悲觀，覺得已經遲了，早一點會比較好。以前只要你是香港人，不論身份也能在內地發展得不錯；但現在門檻已經提升了，不再是一個單純因為你是香港人就可以隨便到內地發展而獲得不同待遇的時代。若本身是政商二代，有一定的資源基礎和人脈就可以；又除非你本身有一個很獨特的技術背景，但這不常見，因為需要有很高的資歷才可以享有相當於過往香港人的優勢，同時內地也不是沒有這方面的人才，香港人的對手多了很多，也十分優秀。

本來只屬於香港的人的優勢，其實內地已人皆有之。最近內地在 AI、晶片、大數據方面也發展得很好，你覺得香港在這些領域中還有沒有位置呢？

高新科技其實是一個週期，一時是高新科技比較吃香，一時是傳統行業比較好。高新科技到了普及的層面，其實也要回歸到傳統行業，例如地產和金融，畢竟這才是數據的來源。例如阿里巴巴的淘寶，在未普及時，我使用這個平台就會令銷售額比其他未使用平台的人更好；但當人人都用淘寶時就會失去這個效果，因此我就需要把目光投放在產品內容上，而這就是傳統行業的質量。香港人在這方面會擁有一定優勢，因為香港人普遍都重視質量；然而在未來，人們是否仍然對這個產品有興趣，而不是已經有新產品取締，則是未知之數。若沒有創新的產品出現就會回到傳統產品得益，若有新產品的出現，傳統的就會沒落並被新產品取締。（**高新科技的最大問題是不確定性，不知道明天的市場會否被其他產品顛覆。事事求新，科技水平帶動了消費與市場。**）對。

你在深圳發展有沒有水土不服？

水土不服的問題不大，也許因為我小時候常到深圳，對這個地方完全不陌生。第二，我在留學期間也有很多新事物需要靠自己摸索，這對我而言已經是平常事。畢竟英國與香港也有不同之處，反而我剛回香港時是有點不習慣，發覺香港做甚麼都好快，可能我在英國已經適應了慢生活；特別是說廣東話有點跟不上速度，因此有點不大適應，但過一段時間就沒事了。

　　　　　　　　　　　　　　　　　　　林峻朗

另外你在外國留學，習慣外國的價值觀，回到內地後，有沒有甚麼糾結？

> 沒有。這也許與我的性格有關，我在做性格測試時，結果很多時也是偏中間。我自己是會理解各有各不同的原因。當然，有些東西很明顯是錯誤，這是會令我非常糾結；同時也會影響我對某東西的看法。但普遍來說也沒有令我感到太困擾的地方，我會嘗試去多方面了解為甚麼會得到了目前的結果。

香港行一國兩制，例如我們成立公司，僱傭法、稅制也是全然不同，開始時你如何面對？還是因為你在外國的時間長，感覺反而不大？

> 對。我在英國也開過公司，就會覺得在香港開公司其實也是很麻煩的事，但那就是各處鄉村各處例。當然，內地是真的比較多程序。（**但行政已經越來越透明、公開和電子化，是嗎？特別是深圳。**）是的，很多事情變得很快。例如我逢星期一至五都在深圳，只週末回香港一次，很容易發現，連街道的模樣每週可能也不一樣；更遑論程序，說改就改，今天用紙表格，明天可能就改成必須使用微信小程序了，這些改變都是來得很快並且帶有強制性的。

你大部分時間在深圳生活，對你的個人生活有甚麼影響？放工後有消遣和交友嗎？

> 在深圳是有的。可能很多人到了外地，都會找同鄉做朋友，但我的習慣是努力融入當地，好處是可以認識到當地做差不多事情的人。深圳的外來人口很多，你會發現大家非常拼

搏，商業頭腦也非常不錯，這會擴大你的圈子和認知。如果我到了深圳仍然只接觸香港的朋友圈，那其實跟沒有上深圳發展一樣；若你拋開這個想法，就會發現可以認識到來自五湖四海的人。

內地朋友若覺得你的產品好，就會很願意推薦給其他人。特別是政府，若你的產品好，他們就會責無旁貸，幫你把產品推行到全國。

對，例如你前往當地的街道辦事處，見到一些機械人在四處走，沒有人使用，但這不要緊，因為機械人的背後其實是一間初創公司，而這間公司就因此有了資金，可以繼續營運同時優化自己的產品。但過往在香港你不曾也不可能看到這光景，最近開始有發生。不經過試錯，又怎會有一間公司，也不會有其他可能性、新技術的出現，從而也沒有了未來。

近年來無論內地或香港政府都鼓吹融入大灣區，你有甚麼看法？你覺得這是正確的決定，還是可以做得更好？

從規劃角度看，其實香港一直都在大灣區，因此「融入」這個概念有點奇怪，我覺得政府的政策是要令我們不知不覺地認為自己就是大灣區的一部分。如果你叫我融入大灣區，我不就自然會覺得自己身處大灣區之外，事情不應是這樣提出來的。例如內地以前有些口號，類似「不要亂丟垃圾，家家戶戶都健康」之類，但反過來想，外來人便知道其實這個地方的居民經常亂丟垃圾，因此我自己覺得不需要講這麼多，只要政策推行的時候定位清晰，我自然就會知道自己是身處大灣區之中，不需要融入，問題只是我如何從中尋找機會。

　　　　　　　　　　　　　　　　　　林峻朗

香港政府推出了一個鼓勵香港青年到內地就業的計劃，政府補貼每人 10,000 元，內地公司則負責 8,000，即每個月有 18,000 元，為期 18 個月，你如何看待這件事？

我覺得是正面的，首先可以為一些於本地失業的人士提供一個機會的窗口；就算不是因為失業，而是真的有心來發展，這更是一個好機會，讓他認識當地的同事或朋友，直接交流。好處是內地人的思想比較無邊無際，可以啟發自己的思想，對你的創業也有幫忙。（**增加了對內地的了解，即使之後不在內地發展，這一套思想也可以運用在香港。**）對，即使你在計劃完結後回來香港發展，哪怕是開一個 YouTube 頻道分享自己那 18 個月的經歷與心得，也是一盤小的生意。那 18 個月的意義是增加自己的可能性，最珍貴的不是工作本身，而是與當地人交流的得著。所以如果你去一個沒有同事的公司，我就覺得不大好。需要與不同的人交流想法，這個火花才比較值錢。

你覺得大灣區對國家的重要性是？大灣區的經濟是否真的有帶動作用？

我覺得大灣區與否其實不重要，重要的是規劃了一件事，並將其稱為大灣區，有這個規劃就可以帶動經濟。首先提出這個規劃，再推動了很多環繞大灣區的政策，令很多經濟活動都聚集在一點；而且內地已經有一條很完善的供應鏈，是外國無法複製的。再加上大灣區的規劃、分工再仔細點，及利用香港的金融地位，我覺得是會有一定的好處。

大灣區的價值對每個人都不同，有人會在「9+2」以外找到自

己的舒適區。但今日做生意很多時是要乘風勢的，如今大灣區這麼熱門，也不是紙上談兵，而是有實際政策配合，加以利用也是一個不錯的機會。當然，這不代表適合所有人，但先來大灣區適應一下也不是壞事。

國家對大灣區的角色定位是「引進來，走出去」，幫助大灣區的企業面向世界。你覺得香港人在這方面的位置如何？

本身香港的位置很明顯，是一個延伸的角色。然而今時今日，外國會否仍然當你是一個延伸的角色呢？這是一個很值得思考的問題。當內地的政策對外開放，吸引外資，一方面香港的政策卻越來越收緊時，外資也會考慮直接進入內地市場，因此香港的定位開始有一點模糊。（**在幫助大灣區企業走到東盟或「一帶一路」國家等發展時，香港人有沒有一個角色？**）有，但我覺得仍然是偏向金融界別，因為香港的金融系統比較與國際接軌，而你走到不同的國家時，中間需要一個轉折過程，而這就是香港的位置。至於其他行業真的比較難有優勢，除非你是從事一些擁有本地歷史、文化、藝術價值的事業。

對於想在大灣區創業的人，你會有甚麼忠告呢？

不用考慮太多，只要不會為你帶來很大問題，不妨先踏出第一步，因為經驗是很寶貴的。

林峻朗

06

郭建邦

　　現在不少內地人已經更重視質量，因此推銷的關鍵，在於你如何突出產品的好，而不是一味追求經濟誘因。

學歷程度 　碩士

企業名稱 　芽芽寶貝
公司職位 　創辦人

BON KWOK

你對大灣區的認識是甚麼時候開始的？當時對它的印象如何，覺得會不會對自己未來的發展有影響？

我八、九年前到內地工作時還沒有大灣區的概念，那是在我事業發展途中才推出的政策，因此對我而言影響不大。未有大灣區之前，我已經覺得在內地做網上生意是未來的出路，所以才會建立自己的團隊。我有了解過大灣區的內容，因為最主要是幫助港澳人士前來創業，而我在政策推出之前已經開了公司，與條件不符，也不會為此而再開一間，因此我沒有拿到大灣區的優惠。而且我在深圳工作，也不及其他城市的優惠這麼多。

可否介紹一下你創業的經過？

當時我剛剛從澳洲畢業回來找工作，老闆在內地有一個團隊，主要幫助一些香港品牌到內地開闢電商市場，每個月需要到內地公幹一天；我第一天上班的時候已經被安排去公幹，一去就是一星期，後來平均每個月也有一、兩個星期在佛山工作，也因此接觸到內地的電商，例如淘寶和天貓。老闆很器重我，把內地的團隊交予我打理，我甚麼都不會，就慢慢從同事身上學習，例如在電商平台上銷售、設計、客服等等，大約做了兩年。公司有很多香港客人，其中一位邀請我跳槽，做內地的網上生意。我幫他在深圳一做就三年，從零開始打造一個團隊，主要跟進淘寶與天貓，最後成績也不錯，公司牌子在天貓的手袋類別中名列第三。

內地市場充滿商機，我這個背景也吸引了很多人向我招手。第一份工作老闆也建議我在工商會等地方舉辦講座，我因此結識了不少企業老闆。他們也希望我幫助他們進入中國電商市場，

於是我建立了一個小團隊，後來漸漸擁有了自己的辦公室；最後大約三、四年前，我與一個工作夥伴合作開辦了一家公司，主要幫助企業拓展內地電商市場。過程中，我們越來越明白營銷（marketing）的重要，但因為成本問題，我們不想建立自己的營銷團隊，因此就打算尋找其他營銷公司合作。

我們有一個在香港做內地物流的朋友，問他有沒有這方面的門路，他就介紹了另一個在內地做營銷的朋友給我們認識。那間公司一年有 2,000 萬營業額，老闆是香港人，經歷跟我很相似，大家都覺得內地市場是一個機會，於是起身在那邊成立了一個團隊。我倆一見如故，去年初決定把兩間公司合併。其實除了他，我還跟其他營銷公司談過，不過那些公司都「食水太深」，生意模式跟我不同，所以沒有選擇他們。因為我們在網絡上幫別人推銷產品，只在乎賺錢與否是不行的，一旦產品滯銷，最終對該品牌和我們公司都不好，所以我是真的想幫助企業開拓電商市場，只有產品暢銷才可以達到雙贏局面。

合併之前，我們的團隊只有 10 餘人，一年客戶只有 5 至 10 個品牌；合併後，規模擴展到 100 多位員工，在深圳和香港都有辦公室，有很多香港品牌找我們幫忙，30 至 40 個是開拓電商，另外有 40 至 50 個則只協助營銷。

為甚麼你選擇在深圳創業？電商大多集中在廣州與南沙。

只是因為深圳離香港比較近。做電商始終是內地人比我們更成熟，但內地很缺乏懂得經營品牌的人才，即使有也大多自己創業，畢竟內地仍在高速發展，融資比較容易。因此我聘請的人其實不算特別優秀，而是我們花了很長時間做培訓和交流，把

香港國際化的、做品牌的生意模式教授給他們，希望融會到他們的技術當中。因為他們根深柢固的想法，是覺得貨品只要價格低就可以成功推銷出去，但其實現在不少內地人已經更重視質量，因此推銷的關鍵，在於你如何突出產品的好，而不是一味追求經濟誘因。

你的業務形式具體上是怎樣的？如何幫助香港企業進入內地的電商市場？

假設你有一個檸檬茶的品牌叫 ABC，我們會先和你溝通，製定計劃，然後在「天貓國際」開辦一間 ABC 天貓國際旗艦店，店舖是屬於你的，我們只是幫忙營運。本來在內地賣貨需要做很多測試、認證等，但很多人都不懂做而且懶得做，因此天貓就開辦了天貓國際，令國外品牌不需要得到內地認證也可以在電商上售賣。香港公司只需要付數萬元年費、保證金之類，但勝在方便，不用很複雜的手續就能進入市場，你的貨品只需要得到香港的認證，如果途中遇上物流或報關等問題，我們都會幫客戶解決，還有一條龍服務，提供推廣和營運的計劃書。客戶不用親自來內地打點，我們在香港公司也有同事負責報告。天貓國際與其他平台的唯一分別，就是寄貨時間比較長。因為需要從海外寄貨，不可以直接把貨物存放在內地。這也會增加營運成本，假設在本土物流的運費只需要幾元，從海外運到國內則需要十幾二十元。賦稅方面，跨境稅交 9.1%，其實是減少了。

另一種情況，如果客戶在內地有實體店，又或者已經得到內地認證，我們就會幫他開天貓店。天貓的生意額是最好的，在「雙十一」等大型促銷期，新聞常常說的過千億營業額，很多也是來自天貓店。

這種代營運的利潤模式是甚麼？香港客戶的營業額大致上又如何？

不同的項目有不同模式。有些項目是只需要完成一個營銷目標，這種情況我們就不會收取運營費（月費），只收取提成；有些項目有月費和提成；有些項目我們會直接談代理，對方提供供應價格，我們則負擔營銷費用。所以很多香港品牌也會直接把他們在內地的生意交給我們做。

銷售方面當然有好有壞，有些公司的產品不適合內地市場，又或者推廣的預算不夠，都會影響他們的生意額；一個月的生意額好的可達幾百萬，壞的可能只有幾萬元。雖然我們也會選擇產品，但一來我們和不少香港品牌的老闆相熟，二來他們以前也幫助過我們很多，所以有時即使未必很能賺錢，我們也會照做。另一方面，也有些我們認為會在內地受歡迎的品牌，是無論如何也志在必得的，例如花王在美國有個很著名的洗髮水牌子，我們當時與很多內地公司競爭，每周開一次會議，品牌逐漸淘汰不符合的公司，在半年的接觸與溝通後，終於選擇了我們，取得了代理權。

很多國外牌子進入中國，都可能會面對被搶先註冊的問題，你們又如何解決？

我也有朋友遇過這些問題，在想把香港的品牌引入內地時，就發現其商標已經被註冊。天貓國際的好處，是就算你的香港或外國商標在內地被註冊了也可以開店，但如果你完成了認證，想正式落地開天貓店時，就需要把商標買回來，這就是不好的影響。我知道有些公司會派人到香港，觀察有甚麼品牌受歡

　　　　　　　　　　　　　　　　　　　　　　郭建邦

迎，然後趁商標未在內地註冊前搶先註冊，待該品牌有一天進軍內地時就可以敲詐一筆，從中獲利。（**除非永遠只在天貓國際做生意，不然遲早也需要面對。**）沒錯。

你對這行業未來的發展有甚麼看法？現在電商有很多不同的模式，例如做直播和程式，你們有甚麼措施去配合這些轉變？

也是跟隨著現今的潮流，畢竟在這個行業不能用一套方式走天下，我們要一直學習和進步。也因此，我們給深圳的團隊提供了很多資源，讓他們到上海、杭州等地方了解如今的潮流。因為天貓這平台本身也不斷在變，加上要了解其他不同平台的推廣與營運模式，例如抖音近年就很受歡迎。因此不是說配合，而是需要長期持續的學習，就連我和我的工作夥伴也如此。

內地變化得太快，香港人是不是很難去認識？

同意，若我不是在深圳有辦公室，可以留在那邊，我也不會知道如今內地的變化。例如在內地很火的應用程式：小紅書、愛奇藝、抖音等，雖然在香港也能下載，但只是國際版本，能看到的內容與內地版是不同的。（**抖音也是，要用特別的方法才能看。**）對，淘寶也是如此，當你的所在地是香港，看到的東西就不一樣。另一方面，像 Facebook 那些國際性的平台，版本是全世界共通的，任何人都看到同樣的資訊；如今內地甚麼平台都建立一個國際版，其實有礙其他人了解中國的國情與文化。（**唯一的解決方法就是在內地生活。**）對，因為你在內地親身感受到的文化，與只在香港聽是不一樣的。例如若你從未去過內地，雖然可能也聽過內地如今已經用支付寶、微信代替現

●深圳公司喬遷之喜

金，但你要真的體驗過，才會從心裡認同其方便與快捷。我記得香港是第一個擁有八達通的城市，而多年後我們卻仍然停留在八達通。（**你也感受到人民幣數字化所帶來的影響？**）我雖然感受不到，但明白如今的中國很方便。香港明明是一個國際城市，在付款技術方面卻很落後。我有內地同事到香港，也抱怨香港不方便，要找零錢很麻煩，因為他們真的很久沒有接觸過真正的錢。我曾在內地想用人民幣坐的士，誰知司機說不收現金。

你覺得香港人的身份在大灣區創業，如今還有沒有優勢呢？

一定有優勢。我們的深圳團隊如今有超過 100 人，但做決策主

　　　　　　　　　　　　　　　　　　　　郭建邦

要仍然交給香港這邊。深圳團隊主要提供技術上的支援，而在品牌管理、營銷意念方面，始終是香港人想得更周全與靈活，這個看法多年來都沒有改變。（**這想法很特別，我有很多朋友覺得香港人的優勢越來越小，內地各方面都已追過香港。**）那是因為內地有一套自己的方法如何在內地做好一件事，所以不是說香港人的能力好或不好，而是要先了解內地的那一套，再加入香港人獨有的眼界，就會事半功倍。內地常常盛讚自己的品牌有多好，但事實上，有多少個內地品牌成功進入全球市場？有無數外國品牌進入內地，相反內地品牌為甚麼難以步向世界，只能在國內熱銷？這就是差別。在技術上，內地有很多是世界級的，但單看一件產品就沒有，能舉例的充其量就李寧牌，但它在外國市場的反應也不是太熱烈，無法給人一種優質的印象。而這方面就是我們的優勢。

吃虧的則是整個線上生意的技術方面，要向他們學習。例如香港最多人使用的 HKTVmall，只是把產品放上網就完成了，但內地的天貓還有很多工作可以做，箇中包含很多技術。就憑淘寶有自己的淘寶大學課程，就知道網上銷售有多少學問。究其原因，是彼此的市場面積差太遠，HKTVmall 的市場主要集中在香港，天貓則是面對全中國，貨品數量差了 100 萬倍，如何在那麼多競爭者之中脫穎而出，讓消費者留意到你的產品，已是一種學問，只在香港市場是不會懂的。

你回內地工作已經多年，有沒有水土不服的情況？

我回來有八至十年左右，在第一份工作被派來公幹的時候，最開始的確有一點水土不服，例如交通、飲食等方面和香港有點距離，衛生上也沒有那麼好。但現在已經很不同了，我常常要去

深圳和上海，我覺得上海甚至比香港更漂亮，消費水平也很高。

內地的政治常常給人感覺封閉，但商業卻走得很前衛。香港實行一國兩制，例如成立公司時，僱傭法、稅制也和內地全然不同，你怎樣看？

內地始終仍是發展中，很多政策也在不斷改變。我個人覺得內地是失去了一個過程，從未發展的階段一下子跳到已發展。為甚麼香港一直還在使用八達通，因為這其實是一個過程，要改變這個習慣，本來是需要慢慢調整；而中國則是由現金支付，幾年內一躍變成全電子付款，為了符合這個發展，過程中一定需要很多政策上的調整，從而令人覺得中國很專制、朝令夕改。我個人是可以理解的，就連一家小小的公司，在急速發展時也需要經歷制度與方向的改變，更何況是一個國家？既然這是國家發展和管治的方式，就適應這種改變吧。在這一點上，有人說香港很自由，我又不太覺得，香港的自由其實也存在一個框框，只是沒有那麼明顯。

內地的工商發展得很快，但管理手法未能跟上進度，是否會造成影響？你剛剛也提到「失去了一個過程」，政府也像白老鼠般需要不停變更。

是，每出現新的事物就需要一段時間適應。因為內地人口太多，在羊群心理的影響下，大家都會一窩蜂的跟從同一件事件。香港則比較少這個情況，一窩蜂的人口也不會很多，影響力比較少；但內地動輒以億人計算，你不能不跟隨、不學習，推動力相對比較大。

郭建邦

這改變的威力令香港人很驚訝。如果情況繼續下去,你覺得香港人會被邊緣化嗎?

畢竟我也算是半個在內地生活的人了,自己並不擔心。但我問過在香港的同事,他們也擔心過這個問題。不少人說對大灣區有興趣,但真正行動的人不多,也許因為香港是一個很好的舒適圈,很多人沒有勇氣跳出去,好像有很多考量,對內地有很多擔心。其實我們公司之所以有市場,也是因為很多香港企業不想改變、不想學習新事物,於是才會找我們幫忙。先不談內地市場可否幫香港品牌帶來利潤,而是香港品牌可否配合到內地市場?在香港,賣 10,000 件貨可能已經很成功,但在內地這只是一個月的事,要預先準備大量貨物,於是香港品牌會覺得風險很大。我們做自我介紹時,常常會形容我們公司是一個轉插器。香港與內地的插座不同,因此香港品牌到內地時,就需要一個像我們這樣的轉插器,把香港的文化與思維再加上內地的技術,令他們可以在內地市場生存。其實內地有很多代營運公司,我們在行內並不算數一數二,但我們的賣點是做香港品牌的引路者,帶他們踏出第一步,為他們解決進入內地市場時遇到的問題,不然很多時都會碰壁。

你如何融入內地生活?在當地的社交與生活圈子如何?

社交圈子方面,我從在內地工作到自己開公司,一直都會花時間與當地人去吃飯唱歌。而且我即使當上老闆,也要親力親為處理公司大小事務,與他們的聯繫和溝通也很多,久而久之就會知道他們的想法。他們比較現實,對你的公司要求一份保障。

我也聽說現在深圳很難請人，年輕人很關心自己在這間公司的前途和回報。

對，這是真的。我今年的體會特別深，幾乎每星期不斷請人，員工也不斷離職，有些人只做了數星期至一個月，原因大多是希望尋求一個更好的發展，而不是嫌我這裡工資低。我不可能全部員工都分派一些好品牌去跟進，於是接到一些小品牌的員工大多就會離職。（**我也感受到，他們比起工資，更在意自己的工作成就。**）他們好像不擔心沒有工作、沒有經濟壓力似的，我也很奇怪，有些職位明明只是 1 萬多元月薪，卻開著 Audi 的車、新 Iphone 一推出就買。（**不是你面試他，而是他來面試你。**）我們內部也開過會，商討如何向員工推銷我們的公司，如何分配工作、如何留住他們。

其實香港政府也鼓勵年輕人回內地就業，最近有新政策，內地機構以 8,000 元聘請香港員工，香港政府會另外補貼 10,000 元，即 18,000 元月薪，為期 18 個月。你覺得這個計劃怎麼樣？

我之前沒留意這個計劃，但聽你說覺得不錯，對香港很多大學生來說也很吸引。因為若你有心到內地發展，但又發現其工資水平只有幾千元，你一定很快就打了退堂鼓，而這資助可以有效的幫助這一類的年輕人，你還可以乘機在內地學習。（**但這不是內地真實的薪金水平，計劃結束後，年輕人很難找到同等待遇的工作。**）這是當然的，在我這裡的 100 多位員工中，薪水有 18,000 元的也不足一成。因此，我的建議是活用這 18 個月，在內地學習各種技術，然後回香港的公司發展。18 個月不會令你在內地成為最頂尖的一群，但這份經驗在香港就很有

　　　　　　　　　　　　　　　　　　　　郭建邦

用。以我香港的公司為例，員工跳槽找下一份工作，薪金至少上升 50% 至 100%，因為香港如今很缺乏一些認識內地網上市場的人才。我也曾推薦一些前同事給一些香港品牌，做其內地市場的管理層，幾乎一定錄用，畢竟市場上沒有這方面的人才。

這個想法不錯，在內地增值後回到香港。近年香港政府很鼓勵融入大灣區，你如何看待大灣區在整個國家佈局的重要性呢？

我覺得大灣區最大的優點是近而已，若你想學習更多內地的技術與文化，是要到上海、北京才感受得到。每個城市都有不同文化、不同水平，大灣區絕對不是中國最頂尖的幾個城市，但它是一個適合你體驗的地方，是一個門檻和踏腳石，你以後如果選擇往內地其他地方例如上海、北京發展固然是好，不然就算在大灣區工作兩年後回流香港，也可以藉由這份經驗，找到一份很好的工作。

你對想來大灣區創業的朋友有甚麼忠告？

先踏出第一步，不要顧慮太多，嘗試後也許會有另一種看法。我最深的體會，是香港人對內地的認識有很多過時的固有觀念，我稱之為「誤區」，令他們不敢踏出第一步。（**例如覺得任何事都要靠人脈、洗黑錢。**）我最早回來內地的年代，的確有這樣的情況，有些事情可以靠錢和吃飯應酬來解決，但現在即使你願意付錢也沒有辦法。因為制度越來越公開透明，甚麼都講 KPI（Key Performance Indicators，關鍵績效指標），而且重視雙贏，只要你的公司夠實力，有助提升他們的 KPI，他們自然也會來幫助你，連政府單位也不例外。

你在內地發展了那麼久，有沒有想過在公司有一些計劃，幫助想在內地發展的香港年輕人？

沒有甚麼具體的計劃，但在香港的公司不斷有聘請員工，只要幫得上忙，我都不會拒絕。我本來沒必要在香港建立一個團隊，成本太高，請 20 人等於在內地請 100 人，但仍然這樣做，就是因為希望提供一些機會給香港人。我面試的時候也不會太重視求職者的履歷，不要求他們對內地電商有甚麼認識，我本來就預設他們不知道，最主要是他們有沒有學習的心，因為我覺得再把眼光停留在香港市場是不行了，特別是現在的政治氣氛下。

最後，你希望生意將來可以發展到哪個地步？

我們希望幫助更多香港品牌進入內地市場，踏出嘗試的第一步。其實有很多項目賺不到錢，因為貨品銷量不好，但我們仍然希望繼續做，在一次又一次和客戶開會的過程中，我們的同事都有很大的成功感和滿足感。但一來礙於成本，加上不是所有品牌也可以受惠，公司有越來越多品牌要跟進時，我們也會混亂和出錯，現在未算非常成功，但會努力下去。

郭建邦

07

甄思銘

你若有勇氣離開自己的舒適圈，就可選擇
到一個與自己成長文化不同的地方。

學歷程度　碩士

企業名稱　校萌教育科技有限公司
公司職位　聯合創辦人
個人獎項　香港珠海社團總會 2019 優秀義工獎
　　　　　2019「灣區青年說」勵志演說大賽優秀獎
公司獎項　2019 郵儲銀行大眾創業創富賽（珠海校區）優勝獎
　　　　　2019 第六屆創青春廣東青年創新創業大賽珠海市級優秀項目
　　　　　2019 第六屆珠海市大學生創業大賽企業組銅獎
擔任公職　珠海市青年聯合會委員
　　　　　珠海海外青年委員會第八屆委員
　　　　　珠海海外聯誼會第九屆理事會理事
　　　　　珠海公共外交協會第二屆理事會理事
　　　　　珠海留學人員聯誼會・珠海歐美同學會會員
　　　　　香港珠海社團總會青委會常務副主席
　　　　　珠港青年交流促進會副主席
　　　　　香港菁英會執行委員
　　　　　香港珠海商會會員

BARON YAN

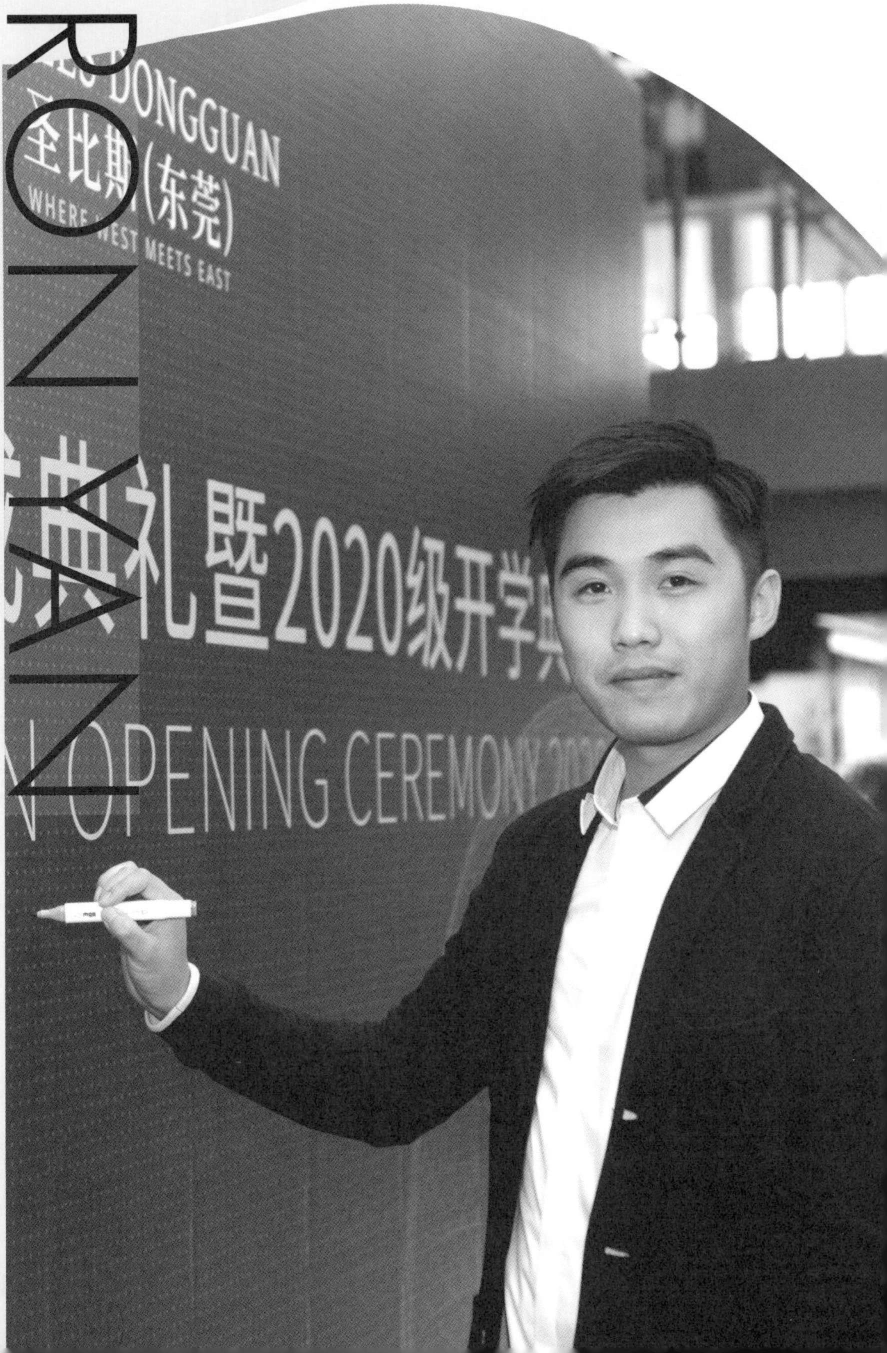

你對大灣區的認識是甚麼時候開始的呢？當時對它的印象又如何？

我在 2017 年 9 月到英國讀碩士，當時港珠澳大橋快要落成，也意味著港珠澳三地的聯繫會更緊密，我記得當時是先對此有了概念，然後才接觸粵港澳大灣區，例如它包含了多少個城市、在國家層面上是一個甚麼概念、是一個甚麼經濟體系、如何超越其他國家的灣區體系。我真正了解大灣區，是我在英國讀書到回國創業期間，參加了很多不同的講座，甚至被邀請到北京國家行政學院上了一個國情班，了解香港和其他大灣區城市有甚麼特別的角色，去迎合大灣區的概念。（**即是你是先知道大灣區的概念之後才創業的？**）其實也不算是。我在 18 歲的時候沒有在香港讀大學，而是入讀內地的暨南大學珠海校區，我在大學的四年生涯中已經歷了很多內地發展的變化，例如是電商、支付寶與微信等等。我看著那些蓬勃的發展，對生活產生了很大的變化。第二就是我見證了珠海的發展，當時的橫琴自貿區仍是一片沙地，交通也不方便，由甚麼都沒有到如今成為一個核心商業區，我見證了這一磚一瓦的過程。（**那真的只是幾年間的事。**）對，其實在我去英國讀書前，大約是短短的六年間已經有很大的不同。有一點我印象很深，因為我是在英國中部讀書的，距離最近的繁華地段是伯明翰——英國第二大的一個地區。那裡二、三十年來就只有一個商場和一條很小的唐人街；而珠海甚至不算是一個一線城市，也可以發展成如今這個模樣，值得令人思考。當你離開自己的舒適圈到了外國，再回看中國，會發現其實中國很有效率。無論城市的建設、發展、政策，其實內地也開始追上了國際水平。

我在暨南大學應屆畢業之際，學校聘請了我，我是在內地工作

了一年多才到英國讀碩士。在這一年我接觸到大灣區的概念，同時也慢慢融入到內地社會的文化。因此你剛問我是不是先認識大灣區才出來創業，其實也不算是，因為學校當時聘請我，就是一個很特別的機遇。我像是一個項目經理，全稱是暨南大學珠海校區創新創業實踐基地的負責人。學校給了我 100 萬人民幣的經費，當時對我而言是一個天文數字，因為我在學生會當副主席時，處理的活動也就是十幾萬而已，100 萬是真的很多，是學校信任我，給了我這個機會。其實計劃已經有一個大方向，而我是一個操作這筆錢的項目經理，要在一個 2,700 呎左右的地方興建一個咖啡廳，有戶外也有室內的部分。

當然我是領月薪的，只是這個工作的發展空間比較大，我沒有任何富經驗的人帶領，要自主把這個項目想方設法在截止日期（Deadline）前做好，順利開店營運。我是真的從零到一去做這個咖啡廳，由一塊空地，然後慢慢裝修，到開始聘請職員營運。

這真是很難得的經驗，你覺得為甚麼學校會選擇不曾創業的你呢？

我想這主要有兩個原因，第一是因為暨南大學是內地第一僑校，本身就有一部分比例是招收港澳台僑的學生，也有一半是內地的學生透過高考進來；港澳台的學生被稱為外招生，學校有一定的資助政策提供給這一個群體的人。我是少數香港人可以成為校區的學生會副主席，因為內地的學生會制度與香港和外國都不一樣，在內地加入學生會，第一年只能擔任幹事、第二年部長，到第三年才可以當主席級，也就是我至少需要三年時間，才能升上這個位置。因此在這三年間，學校就看到一個香港小伙子，願意做一些吃力不討好的工作，從而認識到我。

　　　　　　　　　　　　　　　　　　甄思銘

◎ 於暨南大學創辦的咖啡館

（**就好像我們做社團青年工作一樣。**）對的。以往大家都是在大
三的時候做學生會，因為從大四下學期開始就要去做實習，找
工作；而我卻是大四的時候才開始做副主席。因為我有些科目
的分數不好，想重讀那些科目拿個更好的分數，因此我把實習
放到大三的暑假，並利用大四的時間競選校區學生會副主席的
職位。在這數年間，每一年都有香港高中生、學校或政府官員
來拜訪，我也會代表學校與他們做交流。例如香港有中學來暨
南大學，進行兩天一夜的參觀，我會為他們介紹暨大的招生政
策、學校環境、畢業前景等等，我一個人可以帶領四、五十人
進行這些活動。

這展示了你解決問題的能力。你作為一個香港人，在內地的大學升上學生會副主席的位置，在當中有沒有遇到甚麼困難？你又覺得自己有甚麼優勢可以脫穎而出？

我也曾想過，比起內招生，我有甚麼優勢呢？由於成長背景不同，兩地的文化差異很大，因此首先我要感謝學校，特別關照來自港澳台的學生；而我的優勢則是比較主動和不怕吃虧，願意一而再、再而三幫助學校處理學生工作，而且是無酬勞的。第二個優勢是，我會為交到我手上的工作增值。也許是因為家庭的影響，我會把工作放大來處理，例如咖啡廳的項目，本來其實只是一間普通的咖啡廳，但我卻邀請了電視台和政府官員前來，當時我只是一個應屆畢業生。我一直也有參加香港與珠海間的青年活動組織，也透過這些平台得到了一些社會資源；我在大學四年間頻繁參與社區活動，也因此認識了很多不同的朋友。如果我覺得有一件事和社會資源可以對接，我會盡力拉攏他們一起參與，從而把這件事增值了，也許學校是看上我這一點。而且暨南大學作為一間僑校，用香港人處理這件事其實是雙贏的，學校可以得到聲譽，我也可以得到一個機會。

你的咖啡廳經營了多久，才決定去英國讀碩士？

其實在 2016 年 3 月下學期開始之際，學校就已經找我和領導一起談論這件事，當時他們提供的預算是 30 萬。我卻告訴他們需要裝修和人工的費用，慢慢就從 30 萬加到了 100 萬。從 4、5 月份開始我已經沒有課，只剩下考試，因此我就開始策劃整件事，由零到一，不到半年，在 9 月 24 日就開張了。然後我簽了一張合約，承諾我會幫忙咖啡廳營運一年，當時我仍未想過離開，到英國讀書。這個計劃是一個很好的平台，令我

甄思銘

認識更多社會資源，對我而言是一件好事，但我也會想如何增值自己，因此就嘗試用這經歷來申請碩士。這是一個很偶然的決定，事實上，要申請碩士學位，大學成績必須達到 3.0，但我在校的成績只有不到 2.8，根本就達不到要求。但因為我選擇學校和科目很有目的性，所以也得到了錄取，在錄取後才告訴父母，自己要到英國留學一年，順便增長見聞，家人也很支持。就在這偶然的情況下到了外國讀書。（**然後放下了咖啡廳？**）是，當時我已經做了很多安排，有人會接手並傳承我知道的東西。

在英國讀完碩士後回國，你是已經有明確目標要創業，還是在大灣區發現有甚麼商機？

當時是我的同班同學提出了創業的想法，他是一個澳門人，想做有關教育的工作，但又未想到在哪裡創業，我就和他分享了自己在珠海的點滴。我們回國後就開始策劃了，在選擇珠海的時候我們也是非常不確定的，始終剛剛畢業，經歷不夠。但既然當時港珠澳大橋已開通，我們就想在廣州、深圳和珠海這三個地方中選擇；珠海是我提出來的，畢竟它是我生活過的地方，也是一個靠近香港和澳門的地方，你總不能去上海、北京那麼遠。最後在預算有限的情況下，我們選擇了珠海，反正我在珠海也有點人脈。在正式開業前，我們到了不少朋友的企業參觀，開始慢慢的摸索。在 2018 年 9 到 11 月這短短兩個月，我去了七個城市，包括廣州、上海、北京、福建、雲南、珠海等等，當然也有香港和澳門，去看當地朋友的企業，但其實最主要的是看該城市的環境。最後選擇珠海，有三個因素。第一是成本問題，在珠海創業的成本比較低，即使失敗了也沒有太大的損失。第二是原來沒有港澳的年輕人真的在珠海開公司，

◉ 在英國讀書時留影

最多只是從別處在珠海設置分公司，並不是實實在在工作；我
們的想法是，既然沒有人願意在這裡創業，不如我們嘗試一
下。第三就是我在這裡已經有基本的社會資源，有助曝光，無
論做甚麼工作，起碼有人會知道和發現我們。公司營運了三
年，我們無論個人和公司，也得到了不少獎項與曝光。不單在
珠海，也輻射到廣州和其他省份，我的夥伴更被邀請到湖南衛
視拍綜藝節目。這個節目的預算是千萬級的，節目只邀請了十
個人，有八個是講外國人在中國創業生活，其餘一個是港澳
台，也就是我的夥伴，另一個是當地人。我們在一個較少港澳
人創業的城市開展生意，自然可以吸引到其他城市的目光。

　　　　　　　　　　　　　　　　　　　　　　甄思銘

媒體也需要這些故事，鼓勵年輕人到大灣區發展。你如今的行業是做教育，產品是甚麼？

我們公司主要有兩大業務，第一大業務是出國留學，協助內地學生到英、日、澳、加留學，主打英國。因為我們團隊大多都是在英國或其他地方留過學的九十後，故我也稱公司為升學顧問公司。我們針對的學生不只是碩士或大學本科，連基礎文憑、高中生，甚至初中生也可以。幸運的是，珠海沒有公司在做中學生留學的板塊，大多也只是做碩士，但其實碩士留學是可以自己申請的，只是因為懶惰和資訊全面與否的問題，才會找人代辦。我們不是一個傳統的中介，例如做展覽和在學校宣傳等，在這一年間也沒有做過。反之，我們開發了一個微信小程序，當中可以看到我們的院校庫，也能按照他輸入的條件生成一個報告，告訴他現在可以成功進入甚麼大學。有了這個配對，就會給客戶看初步方案，無論中學、大學還是碩士。傳統是給客戶做計劃書，面對面去聊，如果認為合適就馬上簽約，提供所有服務，直到正式被錄取為止；取錄後，從留學所需的簽證與機票等，我們都會一手包辦。這是我們其中一塊業務。

第二，我剛才提到的 App，功能不只是生成一個報告，也有一系列關於之後升學就業的知識付費課程。這些課程比市場上傳統中介 10,000 到 15,000 元的服務費便宜，我們只需要 2,000 至 6,000 元左右，但你在聽完這些課程後，是一定有能力自己處理留學事務的，你願不願意又是另一個問題了。然後我們就把所有服務體系的內容都分散在課程之中，讓學生與家長自己選擇購買。

你這個方法很特別，這類型的業務，一般是把方法隱藏起來，促使客人只能光顧，而你卻是教人清楚了整個流程，只是客戶如果覺得麻煩再來找你，是這樣的邏輯嗎？

沒錯。中國學生越來越上進努力，會覺得一些事情若自己辦得到就沒有必要浪費金錢，當然也有一部分人是比較懶和怕麻煩，我覺得兩類型的客人也要服務。我是用一個創新的模式，告訴別人我們不是傳統的中介。因此我們這項目曾經獲獎，分別拿過 5 至 10 萬元的獎金。

除了內地生的留學申請外，有沒有和香港相關的業務？

因為疫情之故，自己也覺得發展應該要有些轉型，除了我剛才說的東西外，我們也得到了一個香港代理，是一個港澳台聯校的補習課程。香港人若要回內地讀大學，除了 DSE 以外，還可以參加港澳台聯考，這個試比內地的高考更容易，加上只有 100 多間內地大學接受以 DSE 成績申請入學，而認可這個港澳台聯考的學校卻有接近 300 多間。還有少於十間的大學是自己設有考試，自主招生的，包括北大、清華等，考生可以自行報考，大學審議是否取錄。因此入讀內地的大學只有三大途徑，又或是高中成績優異，就可以得到保送名額。（**就像香港的大學也會提供一些條件好的名額吸引外地學生一樣。**）對，性質一樣。隨著大灣區的發展，我覺得這個需要在未來是越來越大的。現時每年大概有 3,000 人報考這個試，但在香港還沒有任何一間私人機構針對這個考試而提供課程。（**你是香港代理，即指沒有其他公司可以做？**）我們並非所謂官方授權，但有一個內地機構專門做這個課程的補習，已經做了十幾年了，而我們就是其香港區的獨家代理。（**報這門考試的學生需要讀另一套**

甄思銘

公司的日常工作是幫助學生規劃留學

書？）也不能這麼說，有些內容是重複的，但就是要知道要考哪一部分。這考試沒有過往的試題以供操練，在香港唯一可以讀這個考試的地方，是香島中學和香島專科。（**你們是網上課程？**）因為疫情的原因，我們是在網上讀的，可以在手機和電腦上使用。未來如有心發展的話，會希望內地的師資來香港培訓，或香港的老師到內地培訓，然後在線下開補習社。當然在網上也許是更好的，因為對我們生意人來說邊際成本是零。（**新的業務你預計市場反應會是？**）我覺得這是藍海的市場，而且如今未有任何私營機構在香港提供這一類的服務。

留學申請的業務方面，你們如今中學與大學的比例是多少？我知道有些公司不太想做中學，因為要處理的事情、牽涉的人力物力也比較多。

其實在如今中國內地的市場，仍然是讀碩士才到外國的最多。一來是性價比高，要是從中學就開始出國，只有富裕家庭才可負擔得起這筆費用。另外，很多家長的思想仍未開放，覺得小朋友在成年前仍然需要在旁照顧。即便已考完高考，家長也會擔心兒女獨自在外會不習慣。而且，畢竟中國普遍的英文水平也不算頂尖，家長多希望兒女在大學再浸淫數年英文，才出國讀書，因為對於中國的留學生，語言是他們最大的障礙。

出國讀書需要考雅思（IELTS），你們有提供相關的服務嗎？

我們去年其實也有投資相關的機構，可惜遇到疫情，只經營了約一年半。我們是有心提供雅思培訓班的，甚至已專門為此聘請好澳洲的老師。我個人認為英文是不能網上教學的，這不是單純的應試，有些學習必須面對面，因此我們堅持線下教授，也投資了一間補習社，但受到疫情的影響，一直沒有收入，最終在 3 月的時候決定關閉，暫時也不提供相關服務了。其實也有一些很好的學校仍在營運，我們就把有需要的學生轉介給他們。

疫情後你們有甚麼新的計劃呢？

未來我們希望投入更多資源在香港市場，畢竟我在內地讀大學的時候，香港只有 2,000 人知道港澳台聯考考試。而 2019 年香港有大概 3,000 人應考，作為一個在內地發展的香港人，我也有一份使命感，希望有更多香港人回內地讀書和發展，而我覺得讀書是一個很好的契機，吸引港人回來，融入大灣區的文化和經濟圈。因此，我希望通關後可在更多不同學校和機構，推動港澳台聯考，再透過補習服務將此轉化為收益，但主要

是希望吸引更多人來大灣區。其實大灣區不是只有置業這麼單一。（**真的，在香港常常聽到的都是強調買樓。**）對，置業是一個方向，但我們要再「落地」一點。細心一想也知道，普通家庭出身的年輕人，30 歲以下，是否那麼多人能存到 100 萬用以置業？例如我也只是在租樓。這是一個很實在的社會問題，大灣區有很多不同的商機、文化都值得香港的年輕人回來，不只是置業。我就希望透過這讀書契機，把大灣區推廣出去。

香港大部分年輕人都很抗拒回內地，你有擔心過這個問題嗎？

我不擔心，我在中學時代，每年暑假很常參加不同的交流團，認識內地。又例如我 19 歲的弟弟，他和身邊的人也是比較抗拒內地的一群，但他們也不會因此跟我有甚麼衝突，因為他明白每個人也有不同的觀點與角度。理性地想，其實我們做任何一件事，不論與政治有沒有關係，都會有正反意見，不用太在意攻擊你的人，因為每個人都有自己的路。

香港人在大灣區創業還有沒有優勢？

其實有很多政策，港澳人是最近才開始正式申請，例如我剛剛申請了一個地區性的補貼。你說優勢，首先我覺得稅務優勢對我們這群年輕人並不太重要，因為我們的生意不會很快達到入稅的規模。第二，稅收以外的，就是基於你個人的學歷、選擇的行業、公司的註冊地點，會決定你可以領取多少創業補貼、生活補貼、獎金補貼等。我憑藉自己海外碩士的學歷，兼在該城市交了六個月以上的社保，而成功申請了一個接近 40,000 元的現金補貼。

● 公司開業時留影

● 於公司接受傳媒採訪

甄思銘

很多香港人對內地的比賽、扶持計劃等的現金津貼抱懷疑態度，覺得那不是真的。

創業比賽有些是由私人機構舉辦，也有些是由政府舉辦；而我剛才提及的補貼，是由國家推到省政府，再推到區政府，一層一層下來的補助，這不一樣。我領的正是市級政府的補貼，而且有些補貼是不衝突的，就算你在市級政府領過，也可以在區政府再領。例如有人在深圳創業而領了深圳市的補貼，剛好公司位於前海，而前海又有這樣的補貼計劃時就可以。因為你公司在前海，同時在深圳市交社保；若符合計劃要求，兩件事就可以同時進行，前提是要符合條件，有些地方的條件限制比較多，特別是區政府級，需要確認你是否在當地辦公。

另外，這些補貼其實內地人也可受惠，但他們有「落戶」與「戶口」之分，而港澳人士則不需要擔心這種問題，只需要交社保。內地人若落戶該地，其實也可以得到相關補貼，只是他們的條件比較複雜，而我們就比較簡單。至於專門針對港澳人士的補貼，也不是沒有，只是連我自己落地也申請不了，在這裡就不太多提了。

你們會不會在一些眾創空間落戶？

我以前是租商業大廈的辦公室，現在就因為朋友的緣故，來到了他們的青年創新創業基地，名稱為大華港澳台創新創業服務中心。（**如今這類的單位多不多？**）多，遍佈大灣區的城市，有些不是特為港澳台人士而設，但我這裡是專針對港澳台人士。這裡有市級或區級政府的補貼，例如我在這裡的租金是 3,000元，補貼後只需要付一半，不過你需要先交齊 3,000 元，之後

參加大學生創業大賽

再把錢退還給你。

香港人常常以國際視野、語言能力好自居,你覺得在現時,這仍然是香港人在內地的優勢嗎?

語言能力其實已經被內地的新一代追上;在大城市工作的新一代內地人,他們的國際視野比香港人更為廣闊。當然也不可以一概而論,就說內地人的國際視野一定比香港好,畢竟香港也是國際金融中心,而內地的金融仍然未達到這個層面。可是,很有趣的是,例如區塊鏈、比特幣這些數字經濟方面,是內地比香港更為先進。其實大家互相也在找自己的定位。

　　　　　　　　　　　　　　　　　　　　　　　　甄思銘

香港人如果再不進一步接觸大灣區，在與內地比較的時候，會否由優勢變成劣勢？

也不會，因為我覺得這是互相影響的。我以教育為例，很多內地學生，不光是來自灣區的，也有來自北方的，他們都很想到港澳讀書。其實，灣區是指城市與城市間的連接非常緊密，而不應該有不來灣區發展就會吃虧的想法，只是透過基建設施與交通的連接，從而多一個渠道和選擇拓展而已。對內地而言也是這樣，例如要到某個地方時，可以選擇在香港機場出發，有些東西只有香港才可以買，也可以直接來香港買，整件事是互聯互通，而不是只有單方面的。

你在內地讀書、創業，有需要克服水土不服的問題嗎？

沒有，但可能有些文化差異，例如租房子、註冊公司的方法、會計、開戶口，又或許是使用微信的方法等等，也需要慢慢學習與適應。創業方面則是一些開拓客戶的方法、生意上的禮儀文化、合約協議也是與香港不一樣。（**你會糾結於這些問題之中嗎？**）其實也不會，香港公司與內地公司簽約時，無論合約的板塊協議是用香港或內地的版本也好，也是按照當地的地方法律來處理。（**成立公司時的僱傭法、稅制、五保一金之類呢？**）其實五保一金與香港的強積金差不多，即使真的全然不會，只要每年交費，在青創中心也有工作人員來協助你。甚至不只是協助你，而是直接幫你處理，再向你解釋。每個月幾百元，整年就幾千元；在付款後工作人員就會幫助你處理好。（**很方便。**）對。我將來做媒體工作的時候也會把這個地方推廣出去，因為這很適合當香港人回國發展的起步點。

在大灣區創業，對你個人生活帶來了甚麼影響？融入當地生活時有沒有問題？

也不是沒有。一些補貼的申請和與政府有關的業務，例如申請銀行卡和居住證很麻煩，因為他們很講求流程，有些部門的效率會比較高，有些則很慢。畢竟港澳人士的證件與內地人的證件不同，若證件一致會方便許多，例如買機票，一拍就好；但我們有時候囿於身份，在一些當地的措施政策上會受限制。內地和我們的系統有點不同，他們所有東西也是聯網的，但我們則尚未完全聯網，所以才有居住證的出現。即使有居住證，也仍會產生一些問題，但可以慢慢的改善。例如出差住酒店，要看證件，現在大部分城市都已經接受了居住證，但也有地方是不可以的，例如上海和北京仍需要用回鄉卡。坐高鐵、坐飛機是可以使用居住證的，但在酒店辦理入住手續的時候卻未必。

又例如，香港人總覺得信用卡很方便，然而如果你在香港沒有公司、工作和置業，該如何在內地申請信用卡？這些問題是內地仍然未開放的部分。（**現在香港也可以申請以人民幣結算的信用卡，在內地使用。**）好像有一個大灣區青年卡，但也需要建基於卡主在香港的公司、工作和置業情況。如果有人和我一樣，在香港沒有公司而直接到內地發展，只在內地有公司時，所有工序都更加煩瑣，畢竟是一國兩制。假設我是一個甚麼都不懂的「小白」到內地創業，很多東西也不了解，因此回國創業時要處理清楚一些制度上的東西。若不能用盡香港人的優勢就不用回來了，我也有很多朋友說，他們在香港做貸款在內地買樓，其實港人比本土人更有彈性。

近年，香港政府不停鼓勵年輕人到大灣區發展，甚至資助每人 10,000 元，內地支付 8,000，即每個月有 18,000 元，為期 18 個月。你覺得這個政策有沒有用，實際與否？

其實是應該要這樣做，因為香港人回內地發展，若照用內地的人事體制，這會是一個不適應的因素。例如華潤牽頭聘請一群香港人在內地工作，卻實行香港的工資水平與人事制度。這是一個手段或方法，透過使香港人先容易適應當地，以吸引他們回內地工作，工資和制度也是按香港的水平與慣例，令員工有一個過渡期。工資也是在香港支付，總體上只有工作環境改變了。

但也有內地的經營者提到，若工資提升到 8,000 元，他們在內地聘請當地人，質素也比香港人好，這就不成為誘因。你會用 8,000 元聘用一個香港人，還是用 6,000 元請一個能力相若，但比香港人更熟悉內地的人？

我會視乎需要安排該員工甚麼工作。因為我公司需要處理一些香港與內地有關的事務，所以我偏向聘用香港人。第一個原因是國際視野；第二，我需要一個可以頻繁穿梭香港與內地的人，聘用香港人比較方便。因此不會不願意，但需要視乎崗位的性質。畢竟我們只是小公司，當然即使是大公司也需要視乎崗位的性質。

大灣區是否國家發展一個非常重要的佈局？我們以前常說「一帶一路」，但對香港人來說相對遙不可及。粵港澳大灣區則比較接近，產生的經濟效益是否很大呢？

● 香港與珠海青年交流考察團

在我們這個層面，這些其實都是一個商機。例如我也要去接觸「一帶一路」的國家，才可以做到無論因為訊息差還是價錢差而成的生意。這需要靠你自己去發揮，才可以透過這類政策與其他國家合作，並從中得利。政策能否為公司帶來利益，是需要自己發掘和發揮的。就好像香港當年免稅一樣，也需要靠自己把商機和生意連繫在一起，創造機會。這就看你自己能不能善用政府政策，中國畢竟是重視政策精神，國家會出人力物力以支撐國家的目標，我們也不可以浪費國家資源，要相輔相成。我在大灣區發展的時候也被朋友勸告，我可能要在各地穿梭，如今疫情不能去其他城市，其實也會斷了我一部分的收入來源。我覺得無論「一帶一路」和大灣區最大的影響是在精神層面，而非真正有甚麼可以幫到你。按我的經驗，任何東西也是由自己創造出來的，不會有任何人幫到你。即使別人幫到你，

甄思銘

其實也是你自己令別人幫助你，你要親身經歷，才可以找到所謂的出路。

你對於想到大灣區發展的人有甚麼忠告？

我在不同的訪問中也說，「大灣區」這個字詞其實就是一個精神上的激勵。你若有勇氣離開自己的舒適圈，就可選擇到一個與自己成長文化不同的地方，住上三個月。當然你要面臨現實的問題就是如何賺錢，是否要放棄香港的工作或生意？其實人生就是需要取捨，我看一些外國人來香港創業也是如此。我們融入大灣區，並不代表不會回來香港，只是若你選擇創業，你就需要犧牲一些東西；若選擇就業，例如就是剛剛提到的吸引港人回大灣區的補貼計劃，就是希望把香港的制度和工資水平搬到大灣區，令港人慢慢接受與融入，在當地居住，最好有一天會開始創業。因為如今現實的情況是，香港與內地的制度和工資水平不一致，金錢上是必然有所不同的。另外，角色上也有所改變。例如你在一家公司，如根據內地的薪酬制度是和同事平起平坐，但若你是由香港調到內地工作，對個人而言也是不一樣的體驗。

國家對粵港澳大灣區的角色定位是「引進來，走出去」，你們有沒有計劃走出去，到例如「一帶一路」中東盟的地方？

我出國讀書的原因，是希望可以認識不同國家的人。例如在英國，我偶然認識了一個巴基斯坦人，我們住在同一座學生公寓，一起在樓下打桌球。我看他年齡也挺大了，就問他為甚麼會來這裡讀書。他告訴我他已成家，是公司全資供他來讀碩士，回巴基斯坦後就會出任高層，然後我才發現，這個人

竟然是巴基斯坦的商務局局長。如果我想做一些有跨國聯繫的工作，我就會因為他而認識到這個國家，了解這個國家與中國的關係，也了解這個國家與自己有甚麼工作上的合作機會。我會以旅行的形式，先到那個地方摸索當地有甚麼，因此人脈關係是非常重要的。我們在英國讀書，已經有一個詞叫「Guānxì」，直接使用普通話拼音，即是「關係」。這個詞在外國已經有一個定義，「Guānxì」在中國很重要，是一種很深的學問。

甄思銘

08

周柏康

　　這邊的地方比較大，目光也能放遠一點，推動自己向前的動力也會變多，目標設立上也會逐步升高。

學歷程度　高中

企業名稱　Connect Creative（香港）
　　　　　佛山市柏頌藝術顧問有限公司
公司職位　導演、製片人
擔任公職　香港星光獅子會 19-20 年度會長
　　　　　香港五邑青年總會副會長
　　　　　大灣區港澳人才協會－影視娛樂發展委員會主席

CHAU PAK HONG

對於大灣區的認識是從何時開始的？當時的印象如何？

我對大灣區的認識應該源於 2017、2018 年。2013 年，我在香港創業，當時的廣告行業太被動，加上我有電影夢，但香港的環境不利於電影行業的發展。2017 到 2018 年間，內地興起新的電影媒介：網絡電影。那時我覺得這是一個很好的契機。若要在內地發展文化類產業，北京是首選的地方。於是，我便去北京開拓人脈關係，去那邊「探路」。後來機緣巧合下，我在深圳認識了一位合作夥伴，他是內地人。當時如果想在內地拍電影，需要拍攝許可證，香港人是無法取得許可證的。偏偏他有許可證，卻沒時間拍攝，而我則是非常想參與影視拍攝工作，卻苦於沒有許可證。所以那時我人在北京，卻到深圳談項目。從此我加深了對大灣區的認知。

後來因為一些人脈關係，我去了佛山一趟。過程中，我意識到大灣區內每個城市都有自己的定位。例如深圳定位是融資之地，而佛山市則是有意發展成為南方的影視重鎮，連結廣州、深圳等地方的影視資源，甚至佛山本土的文化。因為佛山有許多補貼，例如稅收減免、拍攝資助、上映後的補貼，吸引了不少影視企業入股投資，結果我選擇了去佛山發展。其實當時的情況與自己想像的不太一樣，因為我以前總覺得大灣區離自己很遠。畢竟我只是個中小企業，不是甚麼大企業，在香港的話很難獲得相關資助。在香港申請資助需「過五關斬六將」，若不請 8 到 10 個人幫忙做企劃書，是很難爭取到資源的，所以我以前不會考慮申請資助。但佛山的資助讓我有了一絲希望。2019 年疫情前，我進駐了佛山。疫情時，我雖有數個月不曾來過，但上一年來此地時，看到不少地區都發展得不錯。連惠州也發展起來了，所以我覺得大灣區很有活力，有很多可能性。

當時佛山市政府或相關機構做了些甚麼政策、措施，讓你覺得自己有機會參與其中？

佛山市南海區有個地方，叫南海青創家。其實在大灣區不同城市基本上都會設有港澳台創業基地。當時我有很深的印象，2019 年 3、4 月的時候，我的朋友說他們想開辦一個基地，在創投小鎮。他們的效率真的很高。同年 10 月份，由統戰部領頭，以吸引更多港澳青年到大灣區發展，不過短短六個月，從概念、選地方、政府批地，到請來香港著名室內設計師 Ben Yeung 楊家聲設計整棟建築，這個開創基地的想法很快便實現了。發佈會上，很多人來參加簽約儀式，不少政府官員，例如領導、常委、局長等都來了。當天我在現場，也有興趣進駐，於是我馬上拿出電腦，製作了約一頁的企劃書，交給朋友幫我轉交。我大概用了一個星期的時間，填一份文件給市政府，再交上相關的身份證明文件，然後那邊就批准了。後來碰上疫情，待疫情後我再補交一些文件便可以了。相比之下，香港的效率沒那麼高，我在內地，不須一天便能申請到營業執照。青創家的人員幫我處理了一些土地上的問題，用了青創家的地址，申請好營業執照，不久也開好了公司戶口。整個流程真的很快，效率很高。這些免費進駐的福利、住房補貼等支援「說到做到」，吸引人們來發展後，會提供政策優惠，不需要「過五關斬六將」，所以人們可以很快地進駐、啟動計劃。這些香港所缺乏的靈活性和效率，大灣區都有。從一個區域的情況已反映了他們的執行力、辦事效率與決心，而非「為了審批而審批」。

　　　　　　　　　　　　　　　　　　　周柏康

聽你這麼說，那邊的效率確實很快。我有不少香港朋友都有考慮去大灣區發展，但又擔心那邊的政策優惠會口惠而實不至，有很多掣肘。如今聽你這麼一說，那邊效率這麼高，連銀行戶口都能幫忙處理，這對於創業者而言，是很實際的幫助。

沒錯。我覺得來大灣區創業的人可以考慮選擇處於「風口」的行業。大灣區不同的城市，都有其發展定位，例如惠州發展新能源、佛山發展軟文化、深圳發展高科技與金融。港澳人士若選擇了這些行業，政府資助的力度會更大。所以也可以先看看不同的城市和行業，再考慮在哪個城市落戶。

能否介紹你的影視生意的發展規模、營運模式與市場反應呢？

市場反應還算不錯，畢竟都能拍出屬於自己的電影作品，也出品了一些電影。這邊的模式跟香港的有點不一樣，這邊有一定的市場。其實不論是拍攝電影或電視劇，過程不外乎要先定下方案，接著是題材，再創作故事。我需要去做 R & D（Research and Development），這是有關成本的考量。製作流程為創作、寫大綱、寫劇本、立項，即給廣電局看劇本，確認劇本沒問題後要融資，然後考慮發行方案，決定網絡劇、電視劇或電影的發行形式，再因應不同的發行方案制定營銷策略。與投資人洽談後，進行拍攝、發行、收益等工作。其實香港的流程也是如此，但如果跟香港投資人洽談，可能要花一半的時間去解釋內地的市場。當我解釋完了市場的問題，他可能會擔心受騙，認為在內地市場投資有很大風險。反觀內地的投資人，我跟他們洽談，不須再解釋市場的問題，因為他們都懂這邊的模式。他們會知道電視上看的是電視劇，買票入電影院

看的是電影，網絡上如愛奇藝、騰訊、優酷等影視平台所發行的是網絡劇。這邊的市場很龐大，畢竟有 14 億人口。我不須解釋市場的問題，只須解釋方案的收益。因此，我跟內地投資人合作時，可以直白一點，他也不用擔心受騙。香港的投資人除了著重項目的可行性，還常懷疑市場收益造假。他們都沒來這邊看過電影，若他們親自來看，便會看到很多電影院都坐滿了人。我覺得 14 億人的市場很龐大，市場收益眼見為實，何須造假。

請問電影製作的投資人專業嗎？

專業的。其實投資人一般有兩種。一種是比較大型的，不少內地影視公司同時也是投資公司，或金融公司。這類公司本就投了不少項目，包括新科技行業、傳統行業、金融行業、電影行業或其他文化產業。例如華誼兄弟，他們很了解市場，會以金融手法去投資。另外，市面上也有不少是比較新型的散戶。他們手頭上有錢，但不多，可能有大約一千幾百萬人民幣，會選擇一些項目來投資。而一些網絡影視作品的投資門檻只需約數十萬起。有些散戶可能本來有酒吧，作為投資人，他可以要求影視作品的某一幕在他的酒吧取景，趁機宣傳一下，剪綵時可以跟明星拍拍照片。如果最後該作品有利潤的話，便會因應不同投資人的股份多少來分。如此，他既可藉機讓酒吧亮相，逞逞威風，還可以賺錢。他滿意了，下次便會繼續投資。所謂專業的投資市場、散戶，都是我們的對象。

我聽說有的基金是專門用於投資演唱會。

是的，有演唱會和電影。這些基金是要補底和派息的。假設基

周柏康

電影《旋風書院》拍攝現場

　　　　　　　　　　　　　　　　　　　　　　　佛山

金公司有 50 萬的定額，你將 50 萬給了那公司。若該公司有 10 個散戶，那便共有 500 萬可供投資。他們會將這筆錢分散投資於不同的影視作品。如果他們特別看好某個作品，則可能加大投資。公司每個月會派息給投資人。若投資的電影作品有不錯的收益，那投資回報也會增加。這些基金在市場中還挺常見的。

你在大灣區成功創業，那你覺得對於香港人來說，在大灣區創業有沒有甚麼優勢？還是說，大灣區其實不利於香港人創業呢？另外，水土不服的問題又如何克服？

我覺得香港人在大灣區創業仍是有優勢的，而水土不服的問題也越來越少了，因為大灣區的南方人，例如深圳、廣州人的生活節奏也不比香港人慢。香港人有一個優勢，就是我們比較靈活，雖然政府議而不決，決而不行的辦事模式拖慢了整個香港的發展，但若以我剛才提及的南海政府部門為例，他們設有一個私人營運的部門，去幫忙處理創業時面對的問題，從概念落實、選址、執行、開張，只需六個月，效率很高，所以香港人反而能在此發揮其辦事靈活的優勢。

南方的文化，譬如深圳、廣州和佛山的語言和飲食文化，香港有的，這邊也有。這邊的居住環境甚至比香港更好。在佛山，3,000 元可以租下一個小區住處，而且附近有地鐵站，搭乘幾個站便可到廣州。這裡的居住環境，無論是綠化，還是其他都很好。這邊約 1,000 呎，有三間房間的單位，租金只需 3,000 元，這在香港是很難實現的。因此香港人很容易適應這裡的生活。（**這是不錯的城市，規劃很好，設施也很新，生活環境很舒適。**）是的。

　　　　　　　　　　　　　　周柏康

那我們聊聊一些實際點的話題。在「一國兩制」下，香港的制度和內地不同，公司註冊、僱傭法、稅制等問題對香港人來說似乎頗複雜。因為香港的稅項，如利得稅、薪俸稅等，條目清晰。大灣區的稅制會不會很麻煩？

是的。我也覺得這邊的稅制比香港的複雜，但與稅制相關的事務可以交給專業的人處理，不用自己跟進的。例如可以因應公司財力，尋找合適的會計公司，幫忙處理公司報稅、員工社保，以及公司要交的稅、發票等事情。要在這邊創業的話，遵從這邊的法規是大趨勢，千萬別想著以造假、逃稅這類不法途徑謀利。中國的法制方向挺好，很多事都依循著法規去做。

只要做生意時依循法規交稅、社保，整間公司遵循規矩，那便會有所得益。假如你在某區域發展高科技產業，每年稅收約百萬，那也意味著你做的生意起碼過千萬了。如果你嫌這區的稅重，要搬去另一處有稅制優惠的地區，那收稅的部門可能會看在你往年有不錯的交稅記錄而將 100 萬的稅退回給你，以作鼓勵。所以稅制雖然很麻煩，但如果你請公司幫忙的話，其實也不會很麻煩，月費才 3,000 元，算下來一年也才 3 萬多元。所以我會建議香港人到這邊發展的話，依循這邊的法律、稅制去做，這些成本隨時能換回不少利潤。

我覺得這個意見非常好。我們以前在香港常聽說，在內地做生意是「面一盤數，底一盤數」，所以很多時候，我們可能需要跟他們鬥智。但聽周導演你這樣一說，現在的情況已經不同了，有法可依，有規可循。

是的。我看到有不少朋友在這邊工作，也是依循法規的。他們

電影《相親吧！女總裁》拍攝現場

周柏康

若遇到有關稅務的問題，會在香港的聊天群內發問，大家都會給出合適的建議，不會叫他們用旁門左道解決問題。

周導演，在大灣區創業對你個人生活帶來甚麼影響？你是否如魚得水，能夠融入當地的生活？

話分兩頭。「跑數」（追求業績）是永遠不夠的，和你在香港要「跑數」沒甚麼分別。但是相對於香港來說，在這邊談項目、「跑數」成功的機率比香港那邊大。兩地的市場實在差太遠了。舉例來說，去年 5 月，疫情緩和，各影視作品陸續恢復製作。那時，拍攝古裝專用的橫店在同一天便有 65 個劇組開工，連臨時演員也不夠。上個月，我的同事去橫店工作，據說當時有 105 個劇組正在進行拍攝。當年我去北京工作時，亦是如此，那時我覺得很震撼。2017 到 2018 年間，我去電視交易會，那時有約三、四百間公司，每間公司皆有 8 到 10 個項目在進行拍攝，或正在販賣，或剛剛上映，或正在籌備。三、四百間公司呀！也就是說，同一個空間內，人數高達至一、二千人了。當時的項目不是電視劇便是網劇，或是電影，可見市場之龐大，能在此分一杯羹也是件不錯的事。反觀香港，香港一年內上映的港產電影可能還不足 10 部。我無意去貶低香港，但從市場角度看，香港與大灣區的市場規模真的有很大差別，這是事實。

其實以你的認知，現在去內地影視界發展的香港人多嗎？

多。其實最早來內地發展的人就是 20 年前來這裡的那批導演。由於港產電影在 1997 年開始沒落，電影數量每年遞減，所以早在 20 多年前（約 2000 年），就陸續有大批的影視工作

者到內地發展。因此，現在內地本土的導演，他們兩、三代前的師父都是當時從香港到內地發展的影視工作者。尤其是武術界，現在的人都是當年那批動作導演的徒弟、徒孫。

回望過去，首批來內地發展的已經是 20 年前的人了。而近代，願意來內地發展的人反而少了。可能他們不想來吧，政見上分了「黃」和「藍」。不過這是很可惜的，因為有不少資質好的人才，他們卻不願到內地發展。

這其實是一個頗現實的問題，也造成了很大的困擾。近年香港政府一直鼓勵香港人融入大灣區。對於大灣區在全球的重要性，你有何看法？你如何看待「融入大灣區」的「融入」這概念？「融入」一概念是否正確？香港人又是否應該「融入」大灣區？你會不會有別的角度去看待上述問題？

我覺得大灣區的概念是非常好的，因為當中應用了不同地方的優勢。以我的行業為例，深圳或許有合適的投資人。但除此之外，東莞、佛山和中山也有對我的項目感興趣的投資人。那我可以乘搭高鐵，一個站的工夫便到達那邊了，可見大灣區的發展優勢。不同城市都有不錯的定位，故其發展有很大潛力。再者，除了廣州、深圳這些一線城市，另外還有佛山、中山和東莞這些二線城市也正在發展。若眼光再放寬一點，三線城市也有很大的發展空間。當整個地方都在蓬勃發展時，要「寧買當頭起」。因為一線城市會有很大的競爭，二線城市或許還有些發展機會，若是到三線城市發展，就或能成為「龍頭」了。可見發展空間的確很大，協同效益下的資源對未來的大灣區、整個國家，或香港來說都是很重要的。又或者以澳門為例，國家發展橫琴會變成澳門的「後花園」，多好。因為澳門非常配合

周柏康

國家政策，所以也有了很大的發展機會，以前的澳門不過是個小地方，現在卻能發展成這麼大的規模，可見這帶來了發展的可能性。

香港政府呼籲香港人來大灣區發展，我覺得這是對的做法。因為香港的市場太單一了。在香港若非從事金融、房地產行業，其他行業都是垃圾。所以要應用自己所長，便需要去大一點的市場發展。另外，香港最大的問題是樓價高，年輕人總覺得自己買不起。但這邊的樓價都很便宜，10 萬已經足夠付首期了，每個月交幾千塊，便能住在小區中約 1,000 呎的單位。青年既可發展事業，還可以在不錯的環境居住。我覺得這是一件好事。

我還想說一些有關於大灣區青年創業計劃的事。（**對，我也覺得這是重點，你一定要花點時間講講這個問題。**）要一個 20 多歲的年輕人來創業，他們的社會經驗、人文經驗可能是不足的。難道他們拖著行李箱來這邊，說一句「我要創業！」便可以創業了嗎？一切從零開始，找不到工作，又不知如何入手，這個過程中會有不少阻礙。同樣，我這邊也接觸過不少個案。南海創業基地也有這個問題，他們已在基地準備了不少政策和資源，供年輕人使用，但對於一個一無所有的人，他們即便拿了資源，可能還是無法成功的，幾個月後可能又意興闌珊，不知所措了，所以不會有人去基地；而這邊的資源很豐富，卻無人拿取。所以我希望能通過行業實習、創業計劃，譬如若你有志發展影視行業，且想參與內地市場，卻無從入手，那我這個計劃就很適合你。我會通過真實的影視業務，例如請你跟進我的某個電影作品，當中有 5 到 10 個限額（需爭取一些投資者或企業家的支持），在 6 到 9 個月的製作時間內，你可能會被分派到不同的組別實習，例如導演組、製片組、美術組、攝影

組和後期組等等。

但其實這只是我的計劃的一半。另一半，更重要的是，我希望年輕人可以接觸本土的市場，以及認識本地人脈與生活圈。我希望他們晚上會跟人去喝啤酒、吃串燒，約女孩子去看電影。過了半年後，他們既能掌握市場，也認識了不同的朋友。這時候，他們就擁有選擇權了。我會將他們分配到不同的創業基地。他們或許想繼續留在這邊發展，或許會想做電商（電子商務）、幫人拍攝、剪輯影片，又或許想跟其他團隊一起合作，開一家公司。至於其他空餘時間，他們先前跟劇組人員交好，便可去那邊工作賺錢。如此一來，他們便會有信心留在這裡發展了。他們配對的創業基地提供了居住的補貼、開公司的補貼，而他在這邊又可以認識朋友，發展事業。

聽你這麼說，這挺好的，比香港還要好。雖然香港政府向企業發放 10,000 港元薪金津貼，鼓勵內地公司聘用香港畢業生，為期 18 個月，但大家都說，一旦這時期過去，不再有補貼時，那些公司也不會再聘用了。如果他們無法在這段時期找到機會，便可能要全部返回香港。

該計劃規定每月薪金不少於 18,000 港元，我是反對的。我跟我的朋友都是反對的。我已經找到了可以一起做電商行業實習的合作夥伴，我們會選用香港的人才。但你以為香港人就會高人一等嗎？對於專業人士來說，如果他們的實力在行業中已達到一定的水平，他們的薪水可以比香港的高，但他們的起薪點不應該與別人不同。這邊的起薪點是多少，你就要跟這邊的起薪點。你不能有優越感。你來這裡工作，有 18,000 元的薪水，到後來自己創業時，只有數千元，便會覺得適應不到。這樣是不

行的。這邊已經照顧了你的起居生活，所以你的起薪點也該跟這邊的起薪點一樣。當然，可能浸淫了兩、三年後，你的收入升幅絕對會與香港的相差甚遠。（**如果你有能力的話，內地市場這麼大，產生的效益一定如你所說，比香港的要大好幾倍。**）是的，沒錯。

最後一個問題，對於想在大灣區創業的人，你有甚麼忠告嗎？

有的，還挺多的。保持眼界的開放，這邊的保護，比起香港的會更好。例如劇本版權問題。我以下這番話若有錯誤，請法律界人士或相關的部門糾正我，因為我也想知道香港的法律有否改善。大概三年前，當時，我被兩個客戶「偷橋」（抄襲創作意念），他們不認同我的意念，卻又偷走了它自己拿去拍了。這件事是在香港發生，我真的欲哭無淚，因為我是無法告發他們的，我認識一位律師，他告訴我原來香港是沒有「著作版權法」和「著作版權登記」的。當時我已經準備推銷劇本了，拿出來與人洽談時也會擔心被抄襲。香港沒有相關的法律保護著作權、知識產權，但原來反而內地有這類法律，當你寫好了劇本，或其他文字創作，你可以去國家版權局登記版權。你可以自己去登記版權，或找中介公司幫你登記都可以。中介公司的收費並不高，我那時寫好了劇本，請中介公司拿去登記，才 1,272 元。但在登記過程中，他們也會檢查你的作品中有否抄襲別人的文字。若他們發現申請版權的作品與別的作品太相像，也會提醒作者。若你的作品成功登記了版權，那麼以後你的作品便會有一個編號。與人洽談劇本時，在簡報封面上註明版權標號便可以防止別人抄襲。

若有人抄襲，那家中介公司可開心了。因為它每天就是在等著這個時機。假設有一套 50 億票房的電影抄襲了你的作品，那公司就可以告該電影製作公司，索取並瓜分相關賠償。因此，內地的劇本版權保護措施比香港好得多。所以大家對於國家的進步應該保持開放的心態。國家這麼大，當然會有一些缺點的。例如一線城市和山區地方的發展差距仍是很大，但不能否認進步真的很大。

這一年，我與政府部門打了不少交道。他們現在非常自律，不會在枱面上互贈茅台酒了。他們不喝酒的。就算有宴會，也不會吃鮑參翅肚，只會吃一些很普通的菜式，而且還會貫徹「光盤行動」的理念，不浪費食物。所以可見他們的質素是有進步的。那邊的制度越來越好，人民的生活也得到提升。例如有人在餐廳丟了手機，過了半個小時再回餐廳找，還能找到，因為有監控的關係，沒人敢偷。所以人們應該要保持開放的態度去了解國家和市場。

我自身經驗也是如此，其實現在內地已經改變很多了。大約九十年代，要到內地發展，當時跟人談生意，要喝很多酒，一桌飯菜價值可以高達 1 萬多塊。近幾年來，這些情況已經越來越少，甚至不會再出現了。除非你的生意非常大，否則不會有人理你。而且很多生意上的申請手續，透明度也很高，人們可以在網上查到自己的申請結果。這對香港年輕人來說是挺好的。

不過還有一點，我們拿著回鄉卡到內地發展，就算申請了居住證，可能有些事情，我們與拿著本地身份證的人還是不太一樣。有些事我們可以做，有些則是我們做不到的。但這是可解決的，而且現在科技先進，手機應用程式幫了我們不少忙。例

周柏康

「青少年行業實習計劃」花絮

如駕駛被開了罰單，不能拿著回鄉卡去交罰款。這些事情還是有的。（**但這些會慢慢改變的。**）是的。（**我以前也不能用回鄉卡訂高鐵的票。**）現在可以了。（**對，所以這會慢慢改善的。**）是的，現在是掃 QR 碼進去的，用回鄉卡過通道時，有的機器是半自動，有的則是會自動識別。（**我聽說高鐵有的站已經有人臉辨識系統了。**）其實全部都有的。（**連 QR 碼都不需要了？現在的發展有沒有去到這階段？**）沒有，但通常是不需要 QR 碼的。譬如我有居住證，我可以用居住證現場買車票，然後用居住證通過人臉識別系統，便可以進入閘內了，所以根本不需要車票。入閘後，我可以透過手機應用程式，查看自己的座位。一張證件，便可出閘、入閘。

周導演，你對於自己在大灣區的發展有何期望？你現在在籌備一部叫《人在北京》的電影，是嗎？

不，是電視劇《香港仔在北京》。我期望工作規模能越來越大。我覺得有件事對我影響最大的是地方的大小。我發現地方越大，我的志向也會變得大一點。能拍到幾百萬元的電影作品對以前待在香港的我來說，是一件很遙遠的事。我那時想設立一個這樣的目標，人們會覺得我在做傻事，即便我那時真的在籌備一套電影、電視劇。所以這是四、五年前的我不敢想像的。那時，我在香港，沒有想過到大灣區發展，拍攝廣告的工作上，客戶說要怎麼做便怎麼做。後來，我也是一步一步探索才能發展到今日的程度。起碼我肯走這條路，而我在這條路上能看見曙光。這邊的地方比較大，目光也能放遠一點，推動自己向前的動力也會變多。目標設立上也會逐步升高，例如我以前做幾十萬的生意，現在則是做幾百萬的生意，然後下一步，我期望能做幾千萬的生意。我覺得這些想法與環境有關。

是的，有的生意拓展到全國，很厲害。譬如內地餐廳海底撈，全國設有 1,000 間分店。其實香港人真的需要對此有新的認知。

對。我有一個作品《旋風書院》全國公演的，我在全國實時熱度榜上佔了第三位，這也是我從前無法想像的。我有個朋友在澳門做充電寶，他做了一會後便放棄了。他說因為澳門人口才 50 萬，不知道能用幾個充電寶。而內地，先不說 14 億人口了，單說廣東省、深圳的市場，都大得夠他忙活了。

周柏康

梁子斌

　　我們在對外的文化交流方面仍然比內地優勝。我們憑藉這個優勢，再配合大灣區發展自己的事業，真的是商機處處，而且會比內地人更多優勢。

學歷程度　大學本科

企業名稱　佛山市埃星智能科技有限公司
公司職位　創始人
個人獎項　廣東省眾創杯銅獎
　　　　　三水區創新創業大賽銀獎
　　　　　國家工信部領軍人才
　　　　　國際成果轉移轉化經理人
擔任公職　佛山市南海區港人聯誼會執委
　　　　　在佛港人專業人士協會委員

BEN LEUNG

你對大灣區的認識是甚麼時候開始的？當時你對它的印象又如何？

我是在 2019 年開始認識大灣區的，因為佛山這邊的政府宣傳常常提及大灣區，也會介紹大灣區的政策。一開始我也不太清楚大灣區是甚麼，直到去年，佛山台青商及統戰部在中山大學舉辦了一個為期七天的免費課程，旨在加強我們在企業管理和商務上的知識，當中有一節課，由一個在中山大學任教的香港教授主持，詳細介紹大灣區的計劃內容。我讀完這一個課程，啟發很大，憑著香港在世界的定位和香港人的努力，在大灣區可以做到很多事情。大灣區一方面吸引香港人前來創業，一方面吸引成功的內地企業到香港上市或開設分公司，從而把產品推向全世界，並引入國外的優秀技術。這方面香港是有優勢的，內地商家接觸外國資訊不如香港方便，例如上網有時需要翻牆；加上香港在出口、引入外國技術、貨幣兌換等方面也略勝一籌。（**大灣區有句口號是「迎進來，走出去」，其中一個意思，也是希望香港可以幫大灣區走出國際。**）沒錯。

為甚麼你會選擇來到佛山？

也說不上是選擇佛山。我以前在香港做機電工程，例如中央冷氣或電力佈局方面的工作，是新鴻基、信和那些企業的大判，因為材料都是在佛山採購，所以對這個地方比較認識。而且佛山也是粵語地區，溝通會方便一點。

我是 2018 年來佛山的。當時的契機只是工作太勞累，想休息一下，沒想過在這裡發展。無所事事的時候，剛好有個朋友有一家軟件公司想我幫忙管理，因為我在香港也做過智能化項

目，例如香港大學的「智慧校園」也是我做的，有十幾年經驗，於是就答應了他，這才開始真正在這邊發展。

我擔任這家軟件公司的 CEO 時，發現他們做項目會分包給很多不同公司，以手機軟件為例，做 BCD（Binary-Coded Decimal，二進碼十進數編碼）要交給一間 BCD 公司；嵌入式軟件系統要交給另一家公司；安卓系統又要交給另一家公司處理；最後又要找另一家公司做整合。出現這個現象的原因，是內地從大學選科到出社會工作，都與香港很不同。在香港找人做軟件，可能一個工程師就可以幫你做好設置、後台和 APP；但內地會把工作細分，細得非常誇張，每人只會做他負責那個部分，並不會做其他的部分。要與不同公司溝通，其實成本非常高，溝通過程中也會出現很多問題。

你發現了甚麼商機，決定出來自己創業？能否說一下創業的經過？

因為後來資金鏈斷裂，我在這軟件公司只做了不滿一年。這段期間，我認識了很多客戶，加上做過資料研究，知道人工智能這個板塊會是未來十年的主流。另外，我認識了當地的工商局局長，政府很鼓勵我在這裡創業，告訴我很多政策。當時我拿著一份簡報，天天跑去不同部門自薦，去了人社局（人力資源和社會保障局）、工商局、科技局等，問說「我現在想創業，你們有沒有甚麼可以支持我？」最後，是佛山市人社局支持我，免費給了我一個地方創業。（**以前做初創要像你一樣跑很多地方，但到了近年，只要你想做，就會有很多機會主動向你招手。**）沒錯。

簡單來說，我的生意就是「賣方案」，客戶有甚麼想法，我們就整理他們的要求，從設計，到最後製成樣品。前公司有些技術員跟我一起創業，但頭幾個月完全沒有生意，我要做研發，還要付薪金，這段時期真的很「燒錢」。直至我們自己做了一片人工智能核心板，放在網上推出市場，幸好剛推出之際已收穫很多回響，不斷有人找我們，生意才變得穩定。有些挺好的項目，其中一個是我們研發的人工智能計算機，成本低，可以加載不同的算法，安防（安全防範）市場對這方面需求很大；還有一款是醫療級別的智能手錶。因為我們這幾年累積了許多經驗，有些芯片公司或大學跟我們合作，背後的技術能力比較強，可以順應市場及時應變。現在除了佛山，在其他地方例如北京理工大學、武漢大學、合肥工業大學，也有我們的團隊在工作。

公司是否需要很多不同的專業人才，以面對不同行業的不同需要？

對專業的需求不大，因為最重要的是產品的架構和設計不能出錯。例如一款在健身器材上加入 IOT（Internet of Things，物聯網）的產品，其實 IOT 本身已經是一種成熟的技術，無論加進甚麼產品，都是一樣的模塊。

你剛才提及內地會把工序分得很細，你的管理方法有甚麼不同？

內地大多參照騰訊、華為等大公司的管理和營運方式；而我在香港做了很多年工程，把「判頭佬」的方式套進去，顛覆了內地互聯網企業的營運方法。在內地，你會寫一個代碼就一直寫這個代碼，我們在實施上會比較廣。在初期，這對他們來說是

有困難的，要慢慢改變，也因為如此，我的團隊在三個月內就由幾人增加到 20 多人，最高峰的時候差不多有 40 人。

公司的規模增長得非常快，是否因為你選擇準確？

我覺得是。因為當時在廣東，可以為客戶提供一條龍開發產品服務的公司只有兩家，一家是我們，另一家在東莞，全國範圍也沒有多少競爭對手，所以不曾擔心過客源。但自從疫情，整個大環境出現變化，我們的客戶很慌張，因為生意額下降、做不了出口。我們失去了客戶，就沒有資金和理由投資開發，有很多訂單和項目都停了。當時公司負擔真的很大，只能有甚麼做甚麼，到真的撐不下去就唯有減少人手。也是自從疫情，我們就不太做開發方案，主要做一些工廠人工智能的 QC 設備升改造（Quality Control，質檢）。

內地有很多不同類型的創業比賽，對你的生意有沒有幫助？

這幾年，我的確參加了很多創新企業大賽、科技比賽，常常做 Roadshow（路演），普通話進步了不少。這些比賽對生意的幫助，一來是獎金，真的有錢會過戶給你；二來是對企業有一個宣傳作用。例如我贏了一個廣東省的比賽，有不少媒體也邀約我們做訪問，藉此打開了公司的知名度。

你覺得內地政府對前來創業的港澳人士如何？有人覺得只是表面工夫。

雖然很多人不相信，但其實政府對香港人是不錯的，你遇到甚麼問題，只要找對渠道，他們也會幫得上忙。（這也不錯，不

《珠江時報》大灣區創業專題會議

會令你覺得孤立無援。） 我的情況比較好，一來這裡已經和政府打好了關係，以後基本不會有太大困難。現在新一批的創業或打工人士其實就比較困難，因為未必可以接觸到這些政府關係，所以需要透過一些渠道去接觸。

近年香港政府很鼓吹年輕人到內地創業，你覺得香港人在大灣區創業有沒有優勢？又或者不是優勢，而是劣勢？

如今，內地人的思維與學歷全面提升，而且願意拚搏，因此香港人的競爭力是減弱了。但香港始終有一個優勢，是我們工作速度快、效率高、靈活，可以彌補上述的問題。而且在政府層面上，大灣區不斷推出各種政策和補貼，供港澳人士申請，創業環境會比以前更好。

就好像香港政府最近推出的政策，鼓勵年輕人回內地就業，由內地機構支付 8,000 元薪金，香港政府補貼 10,000 元，即是月薪 18,000 元。你又如何看待這件事？

我覺得這是一件沒意義的事情，一個畢業生領 18,000 元薪金是不現實的，這反而是害了年輕人。如果有一家公司請了他，計劃期滿後再把他解僱，他以 18,000 元作為標準在內地找工作是不可能的。

有關這一方面，其實我向政協提了很多意見，香港和內地政府可以出錢和做宣傳，讓香港的大學生來內地實習，統戰部找一些企業提供實習崗位，而實習的補貼和薪金則由政府支付。只要成功吸引他們過來，待他們在這邊順利認識到朋友，甚至找到另一半，自然就會順理成章的留下來。現在已有類似的計劃，例如我的公司就有浸會大學和理工大學的學生在實習，錢全部由相關部門出，原定連住宿一個月有 5,000 元，足夠學生在內地生活，但如今因為疫情，就改為我們在線上派工作，教他們做。實習為時兩個多月，香港的大學實習是比較短，內地則不同，可以長達一年。

除實習生外，你有想過幫助一些已經畢業的大學生嗎？例如提供一些職位給香港的年輕人，付內地標準的薪金。

說實話，政府推動畢業生創業，真的是推他們入困境。他們在內地沒有人脈和資訊，又如何創業呢？即使資金再多也是徒然。要成功吸引他們來工作，一定要聯合很多不同機構才行。像我們的企業，也有開放給一些剛剛畢業的學生來工作，大家薪金一視同仁，你的工作量與得到的回報成正比。但我覺得只

有企業去做是很困難的，需要一些協會或政府部門共同推廣，例如辦一個為期一個月的體驗營，讓他們來真實感受一下，就會明白內地與他們在香港聽到的不同。

在佛山和深圳也有一些平台，結合一些企業，提供職位給香港畢業生，但大多宣傳力度不足，只是一些門面工程，沒有實質的措施。另外很少人知道的是，原來內地企業也可以在香港勞工處刊登招聘廣告，香港人透過勞工處去內地工作時，可以沿用香港的勞工法，待適應後再轉回當地的勞工法。（**勞工處在年輕人之間不太流行，可能因為這樣會令他們覺得自己競爭力低。**）我也嘗試過在那裡登廣告，招聘技術總監，但無人問津。

很多人關心在當地會不會水土不服，你覺得呢？

我覺得很多都是藉口，這些年來，有多少香港人曾到內地玩樂，多少人在內地買了房子，為甚麼去玩可以，來工作卻不行呢？內地政府其實已經做了不少，在香港創業你不會得到政府的幫助，但在大灣區你可以得到很多支援。例如香港人在前海、惠州或東莞等地方註冊公司，前期的資金付出，連租連稅一年可能不需要一萬元，你買六個月社保，政府馬上就補五至二十萬給你。廣東省政府已經做到如此地步，我覺得沒甚麼需要猶豫的。可能很多人不相信，總覺得如果拿了國家的錢，就需要付出甚麼。

若公司表現得比較好，或是有好好繳稅，就會給你一些優惠。

那是分幾種的，初創公司有初創的補貼，中型公司也有中型的補貼，又或者是學歷高、某範疇的人才，就會有人才補貼。就

參與中國發明專利研究院的國際高端人才活動

算你只是一名工薪族，只要有交社保也會有一些補貼給你。這些優惠是很積極的，例如在東莞、松山、惠州，會有五至十萬的補貼，而且公司本身也會賺錢。（**我們以前回去做生意的，雖然他們也很歡迎，但就沒有太多補貼。**）當時的確沒有補貼，但以前你需要地，政府給你地；你需要廠房，政府給你廠房，其實都一樣。

香港行一國兩制，你如何面對兩地文化的差異？例如我們成立公司，僱傭法、稅制也和內地全然不同，開始時你有沒有覺得很難適應？

我當初對這裡的稅制等真是一竅不通，因此出現了很多問題，包括經營上的，或是政府文件上的。我雖然也有請會計幫忙，

梁子斌

但後來發現，其實始終也需要自己了解，經過了很多工夫才順利解決。我覺得這不是很大的問題，其實全世界都是如此，只是香港的稅局比較寬鬆，香港人習慣了。在德國，若你想創立公司，需要先找一個法律和財務顧問，不然不會批准，在內地也是如此，這是應該的。

現在我已經習慣了這種模式。如果到投融資的階段才找人處理，是計算不來的，因為那時帳目已經太複雜了；若按內地的體系，第一天便強迫你做妥，待企業真的發展到上市階段，你已經萬事俱備。只是香港人很多做得不嚴謹，當有人要投資公司的時候就處理不了，投資者對公司的印象不好，就會錯失機會。所以這雖然很麻煩，但對企業發展是很重要的。（**上個年代很流行所謂「兩本數簿」，一本政府看、一本自己看；一本常年虧損，一本不會公開。如今已經沒有這種事情了？**）內帳與外帳我們是仍然會做的，但因為國地稅合併了，除了一些只收現金的個體戶，我們企業是沒辦法逃稅的。

在大灣區創業，對你生活有沒有甚麼影響？你在融入這裡的過程中有沒有困難？

融入是沒有問題的，畢竟我們這個年代，很早就已經接觸內地，甚至在內地生活過。只是剛來的時候，到政府部門辦事的確會覺得不方便，但現在已經不同了，一個手機程式就已經處理好，很方便。生活上，食住的問題也不大，食物種類繁多，而且房子又便宜又大，和香港最大的不同，只是沒有魚蛋和臭豆腐（香港街頭小食）而已。（**現在內地也很先進，我就喜歡佛山給我一種整齊的感覺，城市發展和規劃都不錯。**）對，現在佛山與惠州是相對規範的，其他例如東莞或深圳則比較壓抑。

近年，無論內地或是香港政府都鼓吹融入大灣區，你如何看待大灣區在整個國家發展過程中的重要性？以前常說「一帶一路」，這對香港人來說相對遙不可及，「粵港澳大灣區」又如何？

我覺得香港再不融入大灣區就會落後了，香港除了金融體系外，還有甚麼優勢？海南已經成為自貿區，而且做得很成功，GDP 的上升非常驚人，香港再不急起直追，就連海南也贏不過。撇開股票市場不計，香港的 GDP 其實少得可憐。內地政府已經打造了大灣區，如果香港再不融入，價值就會漸漸消失。（**有朋友說大灣區商機處處，可以聊很多不同的發展規劃，但在香港卻只能聊金融地產。**）當初，香港以工業最強，然後這個地位被內地代替了；貿易最強，然後也被內地代替了；電子方面本來也是最強，現在也失去了優勢。香港還餘下的，可能就是打不死的精神，而且我們在對外的文化交流方面仍然比內地優勝。我們憑藉這個優勢，再配合大灣區發展自己的事業，真的是商機處處，而且會比內地人更多優勢。

但問題是香港的年輕人或許是因為政治，都比較抗拒在國內發展。以你的身份，對於一些想在大灣區創業的人，你會有甚麼忠告給予他們呢？

真的不要過份參與政治。私下討論沒有問題，我覺得現在有一點太激進，有些事情你不在其位，一切都是空談。做好自己就好。

我也發現內地年輕人的眼界是不斷進步，而且有很多海歸，令人擔心香港年輕人的競爭力會被拉開，你怎麼看？

我也是這樣想,悲觀地看,再過些年香港的年輕人就比不過了。內地現在真的很厲害,我有和內地大學合作,看到那裡的大學生已經在跟一些外國大學合作做項目。而且整個內地市場也在成長,有些大學生的想法已經比得上我們這些有經驗的商人。

以前香港也很積極走出去,例如回內地設廠也是一種,但如今好像普遍缺少了這種想法,連從屯門出尖沙咀也覺得很遠。

這是一個很難解決的觀念。在內地做生意,四處去是等閒事,就像我從佛山去廣州也要幾十公里。我的車只買了一年半,就行駛了 40,000 公里。

最後一個問題,你對未來的事業有甚麼抱負?

既然要做,當然希望發展得更大,可以做到 IPO(首次公開募股,Initial Public Offering)。如果遇上問題就努力克服,多辛苦也會堅持下去。

我已經收購了一家公司,開了一個板塊,主力幫助港澳年輕人到大灣區創業或就業,他們需要知道的財稅、法律、政策等,也會幫助他們申報或匹配,不需要他們碰壁。隻身來到不熟悉的地方,政府有給好處卻不知道獲得的渠道,是很可惜的,希望幫到更多香港學生或留學生。

梁子斌

10

何禹霏

大灣區在國家的崛起中，扮演著一個很重要的角色。如果我們想超越美國，大灣區是一個重大的關鍵。

學歷程度　香港大學刑事司法學士

企業名稱　惠州市維體健身服務有限公司

公司職位　CEO

個人獎項　斯巴達勇士賽 60 小時極限運動（AGOGE）中國第二位女士完賽者

　　　　　　中國斯巴達品牌大使（2018-2021）

擔任公職　惠州市惠城區法院人民陪審員

　　　　　　惠州市惠城區政協委員

　　　　　　惠州新港人副主席

　　　　　　惠州市僑界青年聯合會常務副會長

　　　　　　惠州市外商協會投資企業協會理事

　　　　　　惠州市外商協會投資企業協會副會長

　　　　　　惠州社團聯合總會常務理事

ANSON HO

你對大灣區的認識是從甚麼時候開始的？當初你對它的印象又如何？

我從大灣區設立之初已經在這裡發展了，因為我是 2013 年回內地的，當時仍未有大灣區。我故鄉是惠州，現在也回到惠州工作，很慶幸這個城市成為了大灣區「9+2」城市之一，因為這是一個很好的機遇。可以預期，大灣區未來在 GDP 以及其他發展上都有很大的上升空間。

大灣區對你的幫助有多大？

一個香港人在大灣區的城市工作了那麼多年，這一個先驅的、過來人的、有經驗的身份，令我更加被人看重，也多了媒體會來採訪。至於生意上的影響，因為我主要做本地人生意，因此沒有特別大的關連。不過多了香港朋友問我介紹一些比較便宜的、有升值潛力的樓盤，香港也多了這方面的報導。而且惠州連接深圳以及其他城市的交通很發達，未來更會開通惠州北站，由尖沙咀到惠州只需要 45 分鐘，因此那一帶的樓價非常不錯，吸引他們的興趣。

我也是透過媒體報導而認識你的。為甚麼你會選擇在惠州創業呢？你發現了甚麼商機？

從 2003 到 2013 年，我在香港當警察，之後辭職回惠州發展。這個選擇有兩個原因。第一，惠州是我的出生地，我過年過節也會回來，看著這裡發展，比其他城市多了一份親切和熟悉感。第二是因為我父親，他在惠州經營了一間冷氣工程公司，八、九年前父親踏入花甲之年，我希望回到惠州，可以幫輕他

的工作負擔，慢慢接手父親的公司，然而做了兩年，我發現工程的工作不太適合自己。透過父親的平台，我比人更快結識到內地的人脈和了解這裡的文化。既然父母在這裡做生意，我也就選擇了自己的家鄉。

你覺得自己不適合做工程，那麼現在做的健身房工作，又是為甚麼適合你？

我發覺做冷氣工程的時候常常需要飲酒、應酬、食飯，整個人都長胖了。以前我做警察，多年來持續有長跑和做運動，但自從做冷氣工程後，斷了這個習慣，身體就長胖了，沒以前那麼健康，開始覺得很辛苦，這不是我想要的人生。加上工程這類行業要談很多項目和合約，不是你開了一間公司就等著別人找上門；而且收款也不是一次性的，首先要談價錢，收首期；開始動工，收第二筆錢；最後完工，收尾數。這個過程在內地是挺辛苦的，因為很多時都要做應酬。我的性格自小就有方向和目標感，清楚自己想做甚麼，因此我告訴父親，冷氣工程並不能長期的做下去，因為它沒有現金流，我們應該做一些有現金流的生意。他說我剛從香港回來，以前又是公務員，勸我沒有經驗就不要胡來，我卻堅持一定要創業，即使當時是白紙一張。剛好我朋友剛剛建立了一家會所（clubhouse）沒有人打理，而我又有健身的經驗，於是就找了兩個教練一起開始這個事業。當時只有三個人，他們負責教課，而我除了教課，還有清潔、銷售等等甚麼都要負責。對我而言一切都很陌生，但當你有決心、有興趣，就會發現世上無難事。來健身的客戶，都是因為他們有運動的需要才會光顧你，不是你求他來的，我覺得這才是未來的趨勢，也是最長遠的生意。還有一個原因，是健身的確可以助人，我覺得這是非常重要的，我也可以生活得

更健康。決定做這門生意的時候，我只有 5,000 元，於是找了一個朋友合資，他出現金，我出人力和時間，總共投資了 60 萬。半年後現金回籠，我把錢都還給股東，如今我手握最多的股份。

剛開始的時候，健體生意在惠州有沒有競爭對手？

惠州也有很多付年費的大型健身中心，但當然不及香港那些大型連鎖品牌。這裡約收費 700 至 1,000 元一年，設備和教練的素質都很差，令我覺得應該自己開一間，小小的、乾淨的、一對一的。其實很多人一直想做健身，只是找不到好的教練，大部分都沒系統、不專業。因此我們的服務應該追求香港的標準，當時我們是惠州第一家提供一對一私人教學的高端健身會所。五年前，這種經營模式在內地仍然很少。

當時你如何制定經營策略？

制定價格的時候，我沒有參考市場，而是自己覺得我們的環境、教練、設備值多少就定多少。也有提供課程優惠，例如你充值某個金額，所有課程都可享八五折之類。這些都是我一個人想的，可能某個夜晚輾轉反側，靈光一閃，想到就去實行。市場普遍收 200 多元，我們則定 300 至 400 元。有人說我們的定位非常準確，因為當時很多有錢人找不到健身的地方，因此我們吸引到一些住得比較遠的客戶，甚至從 50 公里外也願意開車來光顧，而且是司機載來的。也因為這樣，我們的受眾群體比較小，專針對一些有錢、有要求、重品質的客戶；反之，如果他們沒有要求、貪方便，就算有錢也未必會選擇我們。我們一進入市場就很受歡迎，除了第一批客戶外，後來的客戶全

受凌冶特邀，為運動型新車作嘉賓。

都是口耳相傳，由熟客介紹來的，我們基本上沒有做太多廣告宣傳。

你開業半年就回本，在發展過程中有沒有遇到困難？

有面臨過請教練的問題。因為我們做的是高端客戶生意，他們大多是想上一對一課程，因此我們沒有很大量的客源，若我請一個新教練，他需要兩、三個月時間才累積到足夠客戶來支撐他的收入。相反，一些大型的健身房有很多客戶，教練在場上走幾個圈就可以開發到客源，因此為了眼前的利益，很多教

練都會選擇到大型健身房，而不會細想場地的質素和衛生等問題，令我們招募教練的時候比較困難。第二是我們的受眾群體比較窄，不夠普及。因為我們主要做一對一課程，最多開一些精品班，以致限於一些富裕階層例如企業家、律師、醫生等才會認識我們，一些中端或草根人士就不知道我們品牌，認識可能只停留在全惠州最好的健身房，僅此而已。第三就是疫情問題，我們有四家店舖，全都是輕資產，面積不大，但很優質，疫情期間暫時停業，仍然要支付教練的工資、店租、社保等等，面臨很大的壓力。因為只有線下生意，去年過得非常艱辛；但也是這個原因，令我發現需要做線上形式，即使足不出戶也可以賺錢。因此我從去年開始經營了一個抖音帳號，如今也持續的在直播。

私人健身課程與抖音直播是兩碼子的工作，你轉型的時候有甚麼困難？

無論思維模式、行為模式、心態、要求，都有一個翻天覆地的不同。首先我本身有四間店要打理，工作量已經很多，再加上網上直播，時間分配就會很困難。幸好我之前新請了一個營運總監，順利交接了實體店的工作，我才可以全心投入到抖音直播中。而線上工作最大的難題，在於推廣模式和增加曝光率的手法完全不一樣。互聯網每天都在變動，沒有人能自稱是互聯網的專家。例如我們臉書有多達 300 萬人追蹤，但也沒有用，因為這不會為我們帶來現金流，只是一個知名度。我們花了很多時間摸索，為了有實際的收益流入帳戶，我們現在會直播賣貨，星期一至五早上 7 點到 11、12 點，因此 6 點就要起床準備了。商品是一些運動健身器材，例如家庭式單車機或跑步機、運動水壺等。也有些是出於個人因素，例如我皮膚比較

好，所以也會介紹一些美膚產品；又因為我喜歡家居清潔，所以也會介紹這方面的用品。一般都是你平日用甚麼產品，就會推薦給觀眾，而我則是家居、運動和護膚用品三大類。大約200種貨品，都是由我的生意夥伴四出奔走，每天和很多不同供應商溝通，直接拿貨回來的，可以說完全是另一盤生意。唯一的關連是可以塑造自己的 IP，藉此把觀眾吸引到健身房，現在每個月也有八至十個客戶因為看了抖音而對我們有興趣。現在的情況暫時滿意，去年我有想過開連鎖店或者直營，不過因為疫情反覆而不敢推行，暫時擱置，仍然把大部分精力放在線上。

我初回惠州是做冷氣工程，然後做健身，現在因為疫情再轉做抖音，都是一些不相關的工作，可見若要在內地發展，這種順著社會環境而不斷變通的能力是很重要的。不要因為覺得在香港做得困難就來大灣區，以為這裡有各種資助與補貼就一定會成功，其實一切都看你的能力，過來發展之前心態要整理好。如你回內地只是打工，生活和消費等是比較舒適的，但若希望自己創一番事業，就真的需要各種因素配合，不是簡單的。

你覺得在大灣區創業，香港人這個身份有沒有優勢呢？

我覺得不是外在條件有沒有優勢，而是你個人有沒有優勢，我從來不覺得政策是最大的助力。以我為例，我 2013 年回來創業的時候，當地甚麼優惠政策都沒有，我從來沒有拿過政府任何一分錢，倒是自己卻捐了不少錢做公益。只要你有能力，在任何地方也能發展，即使沒有政府和大灣區也可以做得很好；當然，你個人能力若加上大灣區的幫助，那就是錦上添花。大灣區如今針對創新科技，若你是高學歷的科技專才，或者孵化

　　　　　　　　　　　　　　　　　　　何禹霏

◎ 惠州市惠城區政協會議留影

一些新項目的創業者，都可以得到各種補貼，例如住宿、租金
補貼等。當然租金補貼有時限，例如你要在一、兩年內做出某
些成績來，然而大家都知道內地的租金本來就不貴，這並非壓
力的來源。再者，如今互聯網非常發達，你只需要一部電腦和
手機就可以成功；就像我現在也不需要一間實體店，只需要一
個電話就可以賣貨。如果你認可大灣區，這裡的確是一個充滿
機遇的地方，資源豐富，交通四通八達，離香港和澳門很近，
不同城市的生意供應鏈也很多；反之，香港以金融為主，相對
比較局限。在香港，做貿易的就做貿易，做金融的就做金融；
而在內地，只要我認識幾個朋友，就可以演變出幾盤生意與合
作，畢竟地大物博，人口也多，合作渠道和生意方式也比香港

多元化，這就是我所說的「更大的機遇」。在香港是你有了某個目的，再為此找人談生意；這邊的做法是先打好人際關係，我們喜歡飲茶，大家聊聊天，待關係好了再聊生意；然而香港是相反的，約在咖啡店，聊完生意就說再見。

你覺得對香港青年來說，有甚麼值得擔憂的地方？

我覺得是教育有問題，年輕人缺乏啟發性思維的培訓，對祖國沒有一個正面的解讀，對祖國不了解甚至產生誤解，這需要在成長中慢慢體驗和改變，是一個非常大的考驗。另一方面，香港是一個彈丸之地，年輕人的見識面有限；內地幅員廣大，但香港年輕人連來旅遊也不願意，何況來創業呢？雖然政府用了很多資源宣傳大灣區，但年輕人的固有印象太深，需要長時間去改變。內地的年輕人比較勇於向外闖，例如去不同城市讀書，從小就已經習慣了不同地方的文化和社會差異，因此融入的能力比較高。反之，香港的年輕人在這方面就比較難，他們到內地發展時，可能連當地的一些基本，例如吃飯、倒茶倒酒的禮儀，和內地人合作交流的思維方式也不會，造成很多障礙。內地人談工作時，每一個措詞也是經深思熟慮後吐出的，你很少會聽到一些令人不舒適的話。香港的言語方式可能不適合套用在內地，人們受西方思想影響比較深，講求自我；而內地則普遍比較大愛和有格局。

你的家人也是在惠州做生意，你剛回來時有沒有水土不服的問題？

的確有一點，我舉一個簡單的例子。香港的工作模式是各司其職，我以前在警隊也是這樣；做生意的時候，老闆做老闆的工

　　　　　　　　　　　　　　　　何禹霏

作，還有秘書、文員、接待，所有職務也分得非常清楚。我最初回到父親公司時，也參照香港的營運模式，既補設加班費，又請了一個助理，但後來發現，就算請多一個人也無法提升效率，工作分得這麼細，每人的工作量就沒有這麼大。以前我覺得做一件事情，要各方面都準備好才走下一步，但其實在內地不需要這樣。我現在把自己訓練到一個人做四個人的工作，我是自己的助理、為自己駕車、對接任何工作等等，是老闆也是教練。另外，我以前做事太細碎了，草擬一個文件會檢查很多次才給對方，但原來無論我檢查了多少次，別人收到後也會繼續改。因為文化差異，一開始會產生很多問題。這邊比較講求信任，你信任他，先做好事情，他覺得很滿意，無條件就會同意你的合約；但若你堅持要他先簽合約、先付款，他可能就會把機會給了別人。我最初一年是不習慣的，幸好我適應能力很強。另外，我剛回來時在這裡沒有朋友，因此積極參與不同的商會、展會中累積人脈。我微信的朋友列表從最初只有 2 個人，到現在已經有 20,000 人，還不包括我線上的粉絲，加起來有二、三十萬人。

我認為水土不服的問題會發生在每個人身上，如何迅速解決才是最關鍵的地方，而調整自己的心態就是第一步。我們不能再抱著「香港人是這樣做事」的刻板想法在內地工作，應該是「原來內地的工作方式是這樣，好吧我遷就」。第二點是你要有吃苦的準備，能一個人處理的事情就一個人處理，不要等到有錢有資源、萬事俱備才開始。最重要的是多看電視劇。因為內地的電視劇非常貼近真實生活，所以我們要找一、兩套適合的來看，了解內地的家庭模式、日常聊天的模式和商場的交流方式，從中更接近內地的現實生活與文化，令自己成長。

政府常常說香港人要「了解國情」，其實「國情」不一定指政治，而是內地實際的生活模式。因為香港行一國兩制，例如我們成立公司，僱傭法、稅制也全然不同，開始之際你有沒有覺得很難適應？

非常難適應，因為整個會計、法律、稅務、消防等制度也不同。我回來發展的年代，這裡還沒有大灣區計劃和創業基地之類，開公司的時候會面對很多困難，例如用香港人的身份，連一張證也辦不到，你想向當局查詢，也沒有人懂回答，畢竟當時仍然很少香港人來內地創業。你感到很徬徨無助，過程很複雜麻煩，但久而久之就會明白這是體制的不同之處，只能接受。如果我們永遠都帶著怨氣，把香港的模式套入內地，是不可行的。記得有一次我急著印卡片，中午 1 點打電話到卡片公司，卻被人反罵現在是午休時間（12 點到 2 點半），不要打擾他們；又或許你遇上有些人服務態度很差，在香港你會去投訴，但這在內地並不管用。既然如此，我們不如改變自己的心態，這會令自己更好過。

當然，如今情況已經很不同。這裡每年都在改變，特別是最近三、四年的變化很大。政府更重視港澳人士，一些部門會為香港人開設特別通道；公務員的服務態度和專業意識也改善了，你有疑問時，他們不會十問九不知。整個經濟發展包括房地產、公共交通、基礎建設等也有很大進步。你看惠州，雖然是二線尾、三線頭的城市，但這裡的城市建設很美，GDP 在大灣區中排名第五。這些都是我們在進步的地方。

你在惠州創業和生活，對你個人的生活有沒有影響？

　　　　　　　　　　　　　　　　　　　　　　何禹霏

中國斯巴達官方品牌大使帶兒童賽前熱身

影響不大。有一點可能是購物方面，我習慣了使用香港的家庭用品，疫情爆發之前，我會每個月從惠州駕車回香港買；但也是因為疫情，我一年多沒有回香港消費，從而在這裡成功發掘到不少好用的本地商品，而且原來在這裡也可以買到香港貨。另外就是飲食，我比較喜歡香港的茶餐廳，始終這裡的港式茶餐廳遠遠不及香港。再來，就是這邊的物價比香港低。（**其他娛樂上呢？**）因為這裡山清水秀，我平日有去行山，還有游泳。另外，雖然我少看電影，但這裡的電影院很漂亮，差不多每隔半年就會新開一間，而且比香港的電影院更好。我平日做運動為多，有空則與朋友喝紅酒，沒有甚麼娛樂。

你說在微信有兩、三萬個朋友，這些人脈關係是怎樣管理的？

惠州

大部分朋友加完微信就很少聯繫，他們只要透過微信狀態就可以了解你的近況，若他們有事情就會主動找你，微信的好處是你要找這個人的時候可以輕鬆地找到。我會把朋友分成 ABC 三類，A 類是知心的好朋友，我每個月或定期會約他們出來維繫感情，但這類朋友不多，只有幾個；B 類是好朋友，不太需要維繫，彼此感覺也很好；C 類間中需要維繫一下關係，是可以保留的朋友；D 類則只是泛泛之交，不太需要花時間。如今我忙著壯大自己的事業，沒有太多時間與朋友聯繫，基本上只有跟 A 類朋友會見個面，其餘時間都在工作。

（**累嗎？**）累的。但做任何事情都要付出，你要為自己的生活取得平衡。你正在做的事情是否你的興趣愛好？如果是，就算再辛苦你也能樂在其中；否則，即便薪金再高，你也會覺得累。因此我們在創業路上、在大灣區發展時，一定要選自己喜歡的事，做不喜歡的事會非常難熬，是不會成功的。

近年來無論內地或香港政府都鼓吹香港青年融入大灣區，你有甚麼看法？你如何看待大灣區在整個國家發展過程中的重要性？

大灣區在國家的崛起中，當然扮演著一個很重要的角色。如果我們想超越美國，大灣區是一個重大的關鍵；只要大灣區做得好，就會成為中國關鍵的經濟來源，是一個很理想的地方，以後別人來中國，都是想來大灣區旅行和發展，因為這裡是中國繁榮和安全的標誌。這對年輕人來說也是一個很正確的引導。內地那麼大，要去哪裡發展？這時只要一看當地的 GDP，就會知道大灣區是一個充滿商機的地方，從而為港澳年輕人提供一個明確的去向；對政府而言也是一樣，可以讓他們把資源運用

在適當的地區、適當的領域，從而幫助年輕人，這是一件好事。

香港政府也有推出政策，鼓勵香港年輕人回內地就業，例如每人補貼薪金 10,000 元，機構另外支付 8,000 元，為期 18 個月。你覺得這有效嗎？

我認為可以，因為這個政策頗吸引。年輕人在香港工作，工資可能也是差不多，如果在大灣區也能領到這個金額，即是在所得不會降低的情況下，有個機會可以回內地試試水溫，接觸當地文化，認識當地朋友，從而了解自己是否適合內地的習慣等等。若沒有政府補貼，公司不會支付那麼高薪，畢竟生活指數和香港不一樣，在內地用 18,000 元已經可以聘請碩士生。（**也有批評指政策不合乎現實，因為這不是內地本來的薪金標準，18 個月一過就不會再有。**）這是方向性的問題，從政府的角度看，拍廣告做宣傳要花的錢也不止這麼少，而這政策提供一個機會，幫助一些在去與不去之間糾結的朋友，吸引他們踏出第一步。即使計劃結束後，那年輕人因為工資突然降低或發覺自己不適應內地，決定回香港，但無論如何，他已從中了解到內地原來發展迅速，對內地的接受度提高，會與身邊朋友分享自己的經驗，這在他整個成長路上也是一個很大的進步。因此這是一個挺不錯的政策，總比花錢舉辦交流團好，走馬看花兩、三天，甚麼都沒有感受到就回香港了，這沒有用。畢竟來玩跟在這裡工作居住是完全兩回事，感情關係是很不一樣的。

你有想過在公司預留一些職位給香港人嗎？

香港人工作普遍很聰明，效率也高，其實很多公司都想請，但都面對人數和工資的問題。真的有這麼多香港人願意來大灣區

就業嗎？另外，同等的學歷和工作經驗，很明顯聘請香港人的費用會比內地人高。我肯定，如果工資相若或者政府有補貼，很多公司也會願意請香港人。（**例如一筆就算不及香港這麼高，也絕對足以在內地生活的薪金。**）同意，只是也會考慮受眾夠不夠廣。如果我是年輕人就會想：這個條件吸引嗎？離鄉別井到一個不熟悉的城市發展，可以得到甚麼？所以，要明確展示有甚麼利益，才能有效吸引他們。年輕人普遍沒有對前景的長遠預測，比較重視眼前，因此那樣的條件雖然有可行性，但對年輕人來說不具有吸引力。

你計劃自己的生意未來會發展到甚麼規模？

我們有兩條路想發展，第一是線上的抖音直播，希望達到月入過百萬的營業目標。而線下方面也希望健身房可以有個 2.0 的版本提升，建立好自己的品牌，然後去做加盟連鎖。

我知道你曾參加一些很厲害的國際運動比賽。是不是會定期參加？

對，我是斯巴達障礙賽的品牌宣傳大使，也是其中一個最高級賽事的教官，因此會定期參加。前年參與很多，去年因為疫情而減少，今年則因為時間大多投放在抖音上，就更少了。但我仍然會持續參加，因為這些戶外比賽可以提供很不同的體驗，從克服難關的過程中訓練心志，就像學習如何在人生中渡過艱難的時刻，令你變得堅強。

我相信運動對你的堅持與毅力有很大幫助。近年內地也吹起運動風，很多朋友也跑馬拉松，你如何看待這個市場呢？

何禹霏

斯巴達颶風賽比賽

這是好事。我八年前回來的時候是沒有人跑步的，六年前開始有小部分人，到這兩年，在江邊湖邊也看到有人跑步。而且穿著運動衣、運動鞋，以前是很隨便的，穿著皮鞋跑的也有。可以看到大家對運動的心態有轉變，以前他們會覺得，有運動的時間不如去飲酒食飯，但現在是真的為了生活而運動。一個地方的人民越來越注重健康，也代表當地變得越來越富有。

最後，你對想到大灣區創業的朋友有甚麼忠告？

希望每一位來內地的朋友都不是為了政府的資助，而是為了你那遠大的目標和更多的機會；希望每一位都可以堅定自己的目標，努力向前，不要回頭看，因為沒有退路，才會迫使你把每件事做好。

惠州

何禹霏

11

林思翹

　　每個孩子都是獨一無二的獨角馬，希望盡自己的能力，讓每個孩子都能接受優質的教育，在合適的教育模式下，闖出屬於自己的小宇宙。

學歷程度　碩士

企業名稱　寶寶與你國際教育

公司職位　聯合創始人

擔任公職　東莞市長安鎮港澳青年代表

　　　　　東莞市長安鎮港人內地聯誼會代表

　　　　　香港長安同鄉會青年會成員

　　　　　香港教育工作者聯會會員

　　　　　香港國際龍舟官方中英雙語旁述

　　　　　香港青年創業家總商會成員

　　　　　香港優才及專才協會成員

　　　　　HKYIEA 聯會成員

你對大灣區的認識是甚麼時候開始的？當初你對它的印象又如何？

我大概是三、四年前第一次接觸大灣區這個詞，也就是我在貴州創業的時候。貴州處於中國西南，四川下面，是內陸地方，所以我一開始聽大灣區，也沒有特別大的感覺，直到我回來香港，發覺這個詞出現頻繁，才真正嘗試了解箇中的意思。剛開始聽的時候，大灣區這個詞常常與港人政策、青年創業相關，提出的「9+2」城市群，都是香港人相對熟悉的地方，例如深圳、東莞、佛山、中山、江門等等，都是大家從小到大在電視和其他媒體常聽到的地名。我第一個感覺，這是一個機遇，但當時也不清楚政府對此有甚麼實際上的支持。同期或更早的時候，大灣區之前講的，都是「一帶一路」政策，但這些政策對我的吸引力不大，因為當中包含的地域或項目，對我而言有點遙不可及。直到看到大灣區的宣傳，就覺得這些機遇好像離我比較近，是伸手可及的，也是值得去嘗試的。

為甚麼你會選擇在東莞創業呢？你在當中發現了甚麼商機？

簡單介紹一下，我現在位於東莞的長安鎮；長安鎮處於深圳與東莞交界之處，生活文化與飲食文化都與香港相若，而深圳的生活指數和成本持續在上升，所以有個趨勢，是租金和人工開支也跟香港的差距越來越小。當初我和夥伴商討的時候，打算以有潛力的二線城市為目標，因為我們的啟動資金不多，主要都是自己賺回來的，使用的時候需要特別謹慎。而二線城市能給我們的是容錯率，如果我們在一線城市，計劃有甚麼失誤，可能影響很大；但二線城市，只要我們靈活使用策略，及時補救，仍有一個生存機會。最後最重要的是，我兩個夥伴中的其

中一個是長安鎮的本地人鄧佩琪，她帶我們在當地走過一圈，我發現這裡雖是一個鎮街，但它屬於全國 GDP 比較高的鎮街，而且位於東莞和深圳邊界之間，能夠坐享兩地資源，我們就是看好了長安鎮街整個發展機會、當地對教育的需求，和市場上的空白，最終決定在這裡發展，追逐夢想。

長安鎮在東莞之中也算是有名。你從事教育相關行業，是甚麼原因導致你想在這行業發展？

其實做教育的想法在大學時期已經出現了。我大學讀工商管理，碩士讀行為心理學。讀書的時候，發現內地學生的知識水平都很高，上課也永遠坐在教室的最前一排，但舉手回答問題的永遠都是一些外國同學，例如美國、英國，即使答錯他們也不介意，仍然積極參與課堂。當時我就在想，為甚麼會有這個文化差異呢？明明內地學生在讀寫方面都十分優秀，但偏偏在聽和表達上比較內向，我就和其中一個夥伴羅德敬（當時是大學同學）討論，是不是教育模式令每個人的性格、日後的事業或是人生路向產生變化？所以我們就想，能不能把中國的傳統文化和美德，與西方的教學模式糅合，然後把它帶回內地。因為當時我們都就讀商科，就說好了畢業後的幾年，先各自在香港金融界打拚一下，待賺取第一桶金而時機又成熟後，才回內地發展。所以一直以來，教育都在我們的心中。

你在香港工作了多久？為甚麼你們會提出先在香港工作幾年，再回內地創業？

大概三、四年。香港是一個求安穩的好地方，如果我要安穩的過一生，其實我可以找一份銀行工作，像畢業當初這樣，收入

林思翹

也是不錯的。但我們當時說好了，想踏出自己的舒適圈，同時也覺得內地的市場很大，創業是一個機會。而且在金融界賺錢雖快，但這是一個零和遊戲，我們賺錢的同時對方在輸錢，這個情況下其實我們並沒有為社會產生價值，我們所賺取的，都是別人原來擁有的。反之，教育是我們可以創造新的價值、新的概念、新的模式出來，從而影響其他人；他們接受了好的教育後，會有更好的生產，所以我們覺得教育是一個比較有意義的行業。

你是一個高學歷的人，現在內地對高端人口的需求是很大的。

像我這種情況，是跨文化背景，因為我是在加拿大出生的，然後在香港讀書，英國升學，最後回內地創業。所以長安鎮這邊也對我的背景比較感興趣，他們會好奇我曾到過不同的地方讀書生活，到底為甚麼最後會選擇東莞。

除了合作夥伴外，你在長安鎮還有沒有人脈？

完全沒有。我到長安鎮的時候，只是認識兩個合作夥伴，即是我的大學同學阿敬（羅德敬）以及他的表妹（鄧佩琪）。

可否介紹一下你如今從事教育的業務類型？

我們的服務範圍主要分成三大類，第一是早教，也就是香港常講的 playgroup，父母在旁陪孩子一起上課，服務年齡由 0 到 6 歲，從三個月大起就可以入讀；第二我們叫全日班，就像是外國的 day care，是小朋友由 2 歲到入讀幼稚園這段期間的過渡；第三是英文的課程，從 3 到 12 歲，類似於香港的興趣

班。主要就是這三項。我們第一家教育中心是 2018 年底開業的，到現在大約兩、三年了，最近再新開了一間，總校區面積達到 10,000 平方呎。

你希望公司發展成甚麼規模？又打算用甚麼方式擴展？

既然我們放棄了在香港的舒適圈、自己的生活、穩定的工作和家庭，來到內地發展，所以志不在只開一、兩間中心，我們給自己的最終目標，是達到可以上市的規模。當然這是一個很遙遠的夢想，一步一步來；至於短期目標，就是希望這個新校區可以實現營利狀況。同時，我們也在和投資人接洽，看看可否以合夥或加盟的模式，把這複製到大灣區的其他城市。其實剛才訪問之前，我就正在做相關的腦圖（mind map），其實公司發展有很多路可以選，因為機遇真的很多，但需要儲存一些「彈藥」（資金）。我們希望能做到外國和香港的標準。

看來你們的發展不錯，市場的認受性也頗高，不然也不能成功開分校。你們在內地聘請外籍老師容易嗎？

疫情前比較簡單，疫情後會比較難。因為疫情爆發的時候，剛好遇上新年假，很多外籍老師都回到了自己的國家，沒想到疫情一爆發後就回不來了，所以現在的供求比較緊張。而其中一個機遇，是待重新開放入境之後，我們能否成為一個中介的角色，令離開的外國人再回到中國，同時和我們各自的英國母校合作，為外國的師弟妹提供實習及工作崗位。（**這個想法很好。**）對，這是我們其中一個潛在的項目，但始終人手有限，要到時候再安排。（**其實真的有很多可行的想法，就只是取捨的問題。**）沒錯。

　　　　　　　　　　　　　　　　　　林思翹

日班畢業照拍攝日

在大灣區創業,香港人的身份有沒有優勢?你在長安鎮有遇上甚麼水土不服嗎?

其實也沒有,剛才也提到,其實大灣區的文化與香港是很接近的,特別是一、兩年前,香港與深圳的人口流動做得非常好,因為是一個軟文化的植入。香港人比較抗拒一些洗腦式的宣傳,但當時是透過一些飲食文化、古裝電視等,令香港的青年對內地產生興趣。同時我們也組織了很多活動,帶朋友去深圳

玩。(**你們也會做這些？**）也沒有到旅行團那麼誇張，只是例如有一些朋友從英國回來，就會帶他們去食火鍋、燒烤之類，感受一下時下年輕人的消遣活動。我個人無論生活習慣也好、交通也好，是完全沒有水土不服；以一家公司來說，身為香港人是有利也有弊。因為在兩、三年前我們成立之際，當中的流程和手續都比較複雜，有時候連政府部門也不太懂處理我們的個案，而且我們的身份證、電話號碼等和內地不同，也會導致一些程序上的問題。(**當時用回鄉證也買不到高鐵票。**）對。內地的政府架構與香港的有些不同，假若我要處理一個問題，也不知道該去哪裡。但接觸多了，加上漸漸認識更多本地朋友後，在他們的幫助下就更簡單了。

至於香港人的身份，這有「著數」的地方，也有不「著數」的地方。我們先說優勢，因為香港的教育制度在內地比較有名，很多人其實從小就想來讀大學了。所以如果以香港人的身份來這裡做教育，我們的口號就可以說「不用到香港上課，我們從香港回來教學」作招徠，而這個名號是打得響的。但是近年，香港經歷過不同的社運事件，也會有內地客人擔心，這是香港人開的，會不會因為疫情撐不住而撤回香港？這就是一個負面影響。從生意的角度來看，最初一、兩年其實是沒有甚麼好處的，也沒有特別的待遇。反而是疫情後，我們以香港人的身份前往一些政府部門，他們也會相對重視。我們也獲得了更多的宣傳機會，例如短片《港灣起跑線》的拍攝。還有一些報紙的採訪，或是我們作為長安鎮的港澳居民代表，這些都是香港人身份獨有的特殊待遇，因為我們可以切合主題，我們的背景也令他們覺得有宣傳價值。

　　　　　　　　　　　　　　　　　　　　　　　林思翹

香港行一國兩制，你是如何面對兩地文化的差異？彼此在成立公司、僱傭法、稅制等方面均全然不同，開始之際你如何面對？

其實我覺得無論生活還是生意，這些條條框框也是適者生存的。每個人都有選擇的權利，你可以選擇一旦做不到、接受不到就放棄；你也可以堅持想想有甚麼方法解決這件事，而我們三個就是後者。我們都曾在英國讀書，也在不同地方生活過，最後回到這裡創業。也許是因為我們背景不同，也去過不同的地方，所以適應能力會比較強；加上我們創業之初，每天只睡三、四小時，廢寢忘餐的處理公司事務，所以從我們的角度看，沒有甚麼是解決不了的。只不過成功很難一步到位，任何問題都是抽絲剝繭，到了最後一定有解決的方法。我們開始那一年，就是用很多時間去換取這些成本。

當然，一些法律、稅制方面的東西，我們也需要請專門的公司幫我們處理，畢竟其中牽涉了法務、財務、內部資料等，管理的模式也會不同；財務方面我們會交給會計公司，由他們幫我們處理，例如銀行開戶等事宜，會方便得多。

現在內地的商業運作，制度上你覺得如何？

我覺得是在一個框架之中，會有一些你可操作的空間。例如若你不了解這件事情，他們就會跟你「一刀切」，非黑即白；但若你找到一個切入點和他們談，其實仍然有溝通的空間。例如消防問題，我們初期曾遇過敲詐，他們自稱是消防公司的人，說我們消防不合格，需要在中心大門加裝一根柱子，又或者付80,000 元把問題擺平。當時很害怕，在大廳中間裝一根柱子，

● 寶寶與你國際教育富山居校區正式開業

成何體統呢？最後向正規的部門查詢，他們教我們如何處理，哪些地方應該改善，哪些可以不予理會，經過溝通之後，問題就得以妥善的解決，不致影響中心的經營。

很多香港的年輕人認為，在內地做生意仍然需要靠人脈，或者有貪污，但從你的故事得知未必如此。現在很多事情已經電腦化，也相對透明化了。

應該說，問題其實仍然存在，但已沒有以前那麼猖狂，而且你起碼有一份底氣，知道這件事情是不合理的，就可以拒絕，先查清楚再決定要不要走下一步。（**壞人始終一定有，就看我們如何對付。**）對，起碼你會知道，現在對這些壞人的打擊越來

林思翹

越雷厲風行，壞人內心也是害怕的，而我們也不會簡單受騙。我們也經常跟香港的朋友說，你們若有心到內地投資，市場是大，風險也是有，但可以控制，最重要是膽大心細。

你有甚麼心法傳授？有個問題是，香港人還不習慣面對這麼大的市場，不知道要怎麼做。

我們當初三個人討論的時候，第一個心法是「膽大心細臉皮厚」，你必須要膽大。因為香港和內地很不一樣，香港判斷一個人的工作能力時，很看你的經驗和年資；但內地因為創業市場很大，即使是前輩也很願意聆聽，不會以貌取人，不會覺得你年資不夠就做不到生意。所以你不用害羞，應以自己最真實的一面去面對其他人。心細是指一些文件和決定上，例如有機會被敲詐的地方，要小心判斷。臉皮厚是為了破冰，認識更多朋友，踏出自己的舒適圈。因為內地人很多，你永遠不知道朋友甚麼時候可以幫到你，這是很重要的一點。其次，如果你想回內地創業，最重要的是在選擇地點之前，先到當地住上一、兩個星期。因為在創業路上，最打擊你的未必是生意上的數字（當然這也是一個因素），最難熬的，其實是你能否一個人在這個城市生存、到底這個城市的節奏和生活模式適不適合你，如果適合而你的項目又可行的話，那麼你的成功率是很大的。即使一個地方你覺得很有市場，但卻是荒山野嶺，你連住也住不下去的，那麼這件事你就會堅持不住。我覺得是工作與生活的平衡（work life balance），如果你兩邊都喜歡，最終的回報率一定會高。

你在大灣區創業接近三年，對個人生活帶來了甚麼影響？需要時間融入當地的生活嗎？

我自己覺得還好。因為我所在的生活圈，其實只需一、兩個小時就能回到香港，所以在疫情爆發前，我每個月也會回香港一、兩次探望家人。因此對我而言，香港是一個放鬆心情的地方，而東莞則是一個工作的地方。若心態放平，就沒有甚麼融入的問題。但現時因疫情封關的情況下，出入香港的確不太方便，家人也理解我們，唯有靠一些線上科技、電子產品以維持彼此的連繫。另一方面，這種情況也對我有利，可迫使我努力在這邊拓展自己的交友圈子，認識更多朋友。以往我假日時都會回香港，但如今不能，讓我反而有機會看看內地其他地方，像去年的國慶假期，我就和朋友去了重慶。

香港和內地人有一個不同，就是對地域的認識。內地的年輕人比較習慣在不同城市遊走，但香港人可能連由屯門出尖沙咀也覺得遠。你覺得這個差異存在嗎？

如果是從小到大都在香港生活的朋友，或許會有這個觀點。但例如我在英國讀書，又或者其他在外國讀書的朋友，要去另一個鎮，情況其實也是一樣。甚至我在加拿大的時候，一星期買一次菜，每次開車十幾二十分鐘去超市，一口氣買一個星期的份量。所以對我而言，其實早就習慣了這種生活模式。香港有香港的方便，這邊有這邊的特別之處。在這邊，你花一個小時去另一個城市，能給你完全不同的感覺；在香港，你花一個小時由屯門到銅鑼灣，但你的感覺仍然是在香港，因為香港是一個國際大都會，很現代化，這就是兩者之分別。

你曾在英國和加拿大生活，都是行西方民主、資本主義的國家，你現在回到由共產黨統治的中國，制度有很多不同，你當中有沒有糾結？

我就沒有很大的感覺。坦白說，雖然我在外國生活過，但那時候不會很介意我是在資本主義或共產主義國家生活。反而，我最重視的是自己的生活和工作前景，只要在這兩個層面上我覺得合適，那就可以。當然這是一個取捨，有些人或許很介意，那麼當然會抗拒；但當我不太把這種事情放在心上的時候，我考慮的角度就會不同，所以不會太糾結這方面。

近年各界都鼓吹香港融入大灣區，你對此有甚麼看法？你覺得大灣區對國家重要嗎？

我認為是，也希望是。因為自己身處在大灣區，它不像「一帶一路」那般遙遠，而是一個你可看著它真實在發展的事物。你每半年回來看看大灣區的發展，它也會有不一樣的變化，包括一些政策和建築物，這些都是可見的。其次，在商業分析的角度來說，灣區的城市自古以來經濟都比較好，是商貿及與國際接軌的地方，加上以「9+2」的城市群來說，的確做到了宜居、宜業、宜遊三點。同時，如果以海岸線和人口來算，大灣區可能比日本、美國這些地方的灣區更大。所以我覺得這是一個很好的機遇，給內地和香港接軌國際社會，又或是西方的商業項目和文化，經香港這個跳板進入大灣區。

正如你也有本地人的合作夥伴，你認為香港人與內地人合作做生意，是否一個不錯的選擇？

我覺得是，無論你如何融入、如何貼地，始終有些事情是本地人比較清楚的。例如剛到新的地方，要買日常用品，我們只能上網找，但本地人會告訴你其實到哪裡就可以。還有其他例子，在我們剛成立公司的時候，本地人也可以靠他的網絡得到

Uni-baby 協助東莞市人力資源和社會保障局長安分局舉辦港澳青年創業交流活動

一些額外資訊，不會像香港人那般從零開始摸索，可以少走很多彎路。（**優點大於缺點。**）對，我也沒有後悔過這個決定。

你在創業的過程中，有甚麼至今難忘的經歷？

有，開心的是我們第一家中心剛開業一個月，就已經簽了 100 名學生，這是很令人鼓舞的。我們在未開業之前就已經在不同地方租了一些籃球場之類，做親子活動，藉此獲得他們的微信等聯繫方式。活動結束後，我們親力親為，自己收拾，有一次做到晚上，見旁邊有老鼠走過，我也會想，以前在香港做銀行，高薪厚職又穩定，現在這條路是否正確的？但我們三個也彼此鼓勵，堅持下來。直到我們把這套教育模式實踐出來，看到他們如此滿意，是一件很開心的事。第二件事是我們一週年

林思翹

的時候，其實已經簽了 300 多個學生，相當於一家幼稚園的人數。當年我們在酒店包了一個宴會廳，有表演，也剪輯了一些短片回顧過往一年，是很感動的。很多家長見證著我們由只靠三雙手，到擁有一間店舖，到擁有這麼多學生，他們也覺得我們很厲害。他們對我們的認可，是一件很開心的事。最後一件難忘的當然是疫情，真的是茶飯不思，輾轉反側，難以入睡。當時我人在香港，一直不能回內地，當時有一個半年的真空期，非常難受。心裡很想做好這件事，卻無從入手，不知道如何幫到公司，也看不到疫情的盡頭，唯一可以做的就是堅持。我每天都和合作夥伴討論，卻又聊不出甚麼實際的成果來，那種望天打卦的無助感真的非常深刻。但當中也有開心的回憶，就是在這個困難的階段，有很多培訓機構已經關了門，竟然還有家長願意在疫情期間續費，純粹是想支持我們。每次提及此事，我們也很感謝這些家長，感謝他們信任我們的人格。

最後一個問題，對於一些想在大灣區創業的香港人，你有甚麼忠告給他們呢？

我會建議他們先嘗試，沒有人迫你一有創業的念頭就馬上實行，你可以「先踏進來半步」，看看內地是怎樣的，城市是怎樣的，到底自己適不適應，倘若覺得可以，下次就來這裡試住一、兩個月，然後才真的啟動。不需要把生活、創業的想法一次過釋放出來。

可以一步一步按自己的條件發展。我又想問，你們創業之初大概用了多少資金？

我們第一間中心，三個人總共花了大概 200 萬。（**對於初創企**

業而言也不算少。）對，因為第一家中心上下加起來有 7,000
多平方呎，也是長安鎮裡相對大和建築用料比較好的建築，當
時的資金投入比較大。幸好開業後，資金的回籠比較快，所以
中間沒有資金斷裂的問題。同時我們採取一個預收款項的形
式，先收錢後上課，資金就比較穩健。

內地從 5 月 1 日起，對教育機構的管制變嚴格了，這對你們有影響嗎？

這是正反兩面的。影響絕對有，畢竟如果要完全切合這條例，
就需要在課程內容上作出調整，更甚是整間公司的結構和發展
方向；但對我們而言，我們也希望國家可以推出一些文件進行
嚴控，從而提升整個行業的標準和專業性。我們認為早教，托
育或是英文教育的行業，在未來兩、三年會有一場洗牌，真正
的汰弱留強，最後市場空出來的份額反而會更多，我們期望能
夠在這段時間站穩陣腳，成為行業的一個標竿、一個可以信賴
的教育品牌，從而在教育行業的新時代爭取更大的市場和發揮
空間，築夢東莞，面向全國，走向國際。

12

劉倩瑩
林凱

若你有想法，便要「take action」。剛開始你或許會有很多顧慮，但若一直不行動，連資料蒐集也不做，只是一直擔憂，想法是永遠無法實現的。

學歷程度　香港浸會大學工商管理（劉倩瑩）
　　　　　Olivier Bajard école Internationale de Pâtisserie（林凱）

企業名稱　赫沫法式甜點
公司職位　聯合創辦人
公司獎項　改革開放 40 年大灣區星級推薦甜點品牌

SHIRLEY & LAMMY

兩位是甚麼時候開始認識大灣區的？當初對這個計劃的印象又如何？

Shirley：我們是 2017 年來中山的，那時還未有大灣區的概念。是在這邊工作後，才聽說整個廣東省，會連帶香港和澳門一起發展。

Lammy：我們開店後，沒多久就開始聽說有大灣區。

為甚麼你們會選擇在中山創業？這個城市有甚麼商機？

Shirley：我們最初來中山，是因為有朋友想來這邊「睇樓」。其實我很少來中山，但因為有親戚在這邊，有時會去探望他們，所以對這裡有一點了解。我知道中山是個不錯的地方，這裡的人均收入挺好，人均年齡也很年輕。我們做甜品行業，當時在中山的競爭者不多，相反如果選擇一些大城市，不但競爭會很激烈，店租也貴。我們視察了這邊的行業環境和店租後，覺得在這邊發展會頗具優勢，所以便決定是中山。

我們也擔心過市場是否接受的問題，所以我們一開始選擇了一間比較小的店舖，包含廚房和樓面，面積才 300 呎。我們產品的定價屬於中高端，對本地人來說可能偏貴，這對我們而言是一個挑戰，也是因此才決定先從小規模做起，沒那麼容易倒閉。現在，同類型的店舖在中山越開越多，即使疫情後仍然很蓬勃，差不多每個月都有新的咖啡店、蛋糕店開張，所以我們很慶幸自己是第一批。可能因為疫情期間很多人失業，這類小本經營的餐飲店，入行門檻相對不高，所以很多人考慮從事這一行吧。

你們如何將產品介紹給中山這個新市場？在生意規模、營運模式、市場反應這三方面，你們有甚麼盤算？

Lammy：其實一開始我們沒有做盤算。產品開發方面，我們參考了中山之前類似的店舖，控制甜品的甜度，做出甜度較低，適合本地人口味的甜品。如果都依循外國甜品的味道來製作，有時這邊的人未必能接受。所以我們每次都要花很多時間去介紹甜品，例如告訴客人甜品有甚麼成分、每一層有些甚麼、如何切開它，等等。

Shirley：我們開了三年，到現在仍是這麼做。

現在香港朋友來內地創業，有很多創業基地提供幫助。你們在中山有沒有用過這類服務，或針對港澳朋友的優惠政策？

Shirley：我們沒有使用。政策本身是有的，但不是特別針對港澳人士。另外，一來中山的優惠政策金額不大，二來申請後要半年才領到那筆錢，所以我們沒有申請。不過也可能因為我們的行業是餐飲，創業資助較少。如果是科技行業，就會有比較針對性的創業資助。很多城市的政府都大力資助科技行業發展，資助金甚至可高達 60,000 元。所以我覺得是行業的問題。

我知道你們產品的特色，是用中國的本地食材，配合法式甜品的手藝，例如還會用到杞子、雪耳等？產品是你們哪一位開發的，市場反應如何？

Lammy：是我負責開發產品的。這類型的產品，在十幾款甜品中其實只佔一、兩款。有的甜品款式是限定的，因為食材有季

　　　　　　　　　　　　　　劉倩瑩　林凱

● 開張當天的店舖留影

節性，例如山草、香草等，要等食材當造的季節才會推出。但你說的杞子、雪耳我們並不常用，因為它們味道比較淡，我們會傾向用味道濃一點的，例如會用艾草和山草藥做「餅仔」，又或者豬腳薑這類重口味的，做成牛油蛋糕，中間會有薑粒和醋的味道，就像豬腳薑一樣。

Shirley：其實反應還不錯。一開始客人們會覺得味道可怕，但試過後又覺得挺特別的，甚至有客人會特意帶朋友來吃這道甜品呢。

Lammy：看到大家喜歡這些產品，我也很開心。我本身就很喜歡嘗試各種奇怪的味道，每推出一款此類甜品，大家想再吃的

話，我就會有很大的滿足感。

現在你們的店舖規模有多大？有分店嗎？

Shirley：只有一間。有段時期本來在某個商場有另一間合營店，但現在沒有做了。因為當時我們想嘗試不同的營運方式，所以找了一位經營貓咪主題咖啡店的人合作。現在回想，那是一個錯誤的判斷，因為我們把在香港開店的概念帶來中山，以為選在商場就是最好，人流最多。我們開那一間店時，由於概念創新，所以是享受到租金優惠的。但是，原來當地人覺得逛商場很不方便，很難泊車，反而喜歡逛有特色的街舖。後來，商場舖的租金提高，但人流不多，我們的人手也不夠。我們曾試過三個人看兩間店，當時還要籌辦活動，大家一直無法放假休息，很疲憊。而且一直聘請兼職員工看店亦非長遠之計，那時恰好碰上疫情，我的精神狀態也有點不勝負荷，便順勢結束了第二間店的營運。

這是一個重要的訊息，計劃與實際情況可能會出現落差，這也是很多香港人擔心的問題。你們認為，香港人在大灣區創業有何優勢或缺點？以及在創業的過程中，你們如何克服水土不服的問題？

Shirley：我覺得香港人的優勢在於思維速度快、行動力高，所以當遇到困難時，能很快想出解決方法，並坐言起行。再者，很多香港人做事都習慣親力親為，例如剛開業的時期，我和 Lammy 兩個人工作，曾加班到凌晨，無論接待客人還是其他事務，我們都是自己做。香港人堅毅的精神亦是一個優勢。

但是有一點需要注意，也是經驗之談，就是我們遇到困難時，很容易會將香港的處事模式帶到這裡。例如我們的第一間店舖開在核心商圈外，大約 5 至 10 分鐘路程。我當時覺得這不是甚麼問題，因為我們以前在香港，常常出了港鐵站後也要走 5 至 10 分鐘，但原來這對當地人來說已經很不方便了，因為中國土地太大，他們習慣了用汽車代步，所以徒步走十分鐘也覺得很辛苦。可見每個地方的人都有不同的特性和習慣，若我們只是將香港的思維搬到這裡，便會很容易犯錯。

我也遇過這個情況，香港人對距離遠近的概念和內地人不同。幾年過去，現在你們是否已經掌握了內地客人的生活型態與消費模式？

Shirley：大概知道吧，但仍然會有歷久常新的感覺。

Lammy：沒錯，因為他們變得太快了。例如他們喜歡看抖音，但我們總追不上這些新媒體的發展。我們身邊的朋友可能也不會追這些媒體，但既然新一代會，那麼我們也要學習，以迎合新媒體宣傳與消費模式的潮流。這亦是新的挑戰。

Shirley：所以我們要想辦法活用新一代習慣的宣傳方式，以保持自己的人氣。而且這邊的店舖常常藉不同平台做宣傳，例如用手機應用程式叫外賣。如果我們也使用這些平台發展生意，就要跟從他們的規則，問題是這些規則經常會變，很考驗我們的應變能力。例如最近中山的外賣平台又加價了，加價的幅度已經讓我們覺得生意難做，要想辦法適應。

根據不同季節，利用不同食材製作甜點。

劉倩瑩　林凱

香港行一國兩制，跟內地在公司註冊、僱傭條例、稅制上彼此有些不同。你們剛創業時，有沒有因為對內地不理解，而鬧出問題或笑話？

Shirley：因為我們是個體戶，也算是微小企業，所以相對比較順利。而且在中山創業，程序並不複雜，例如申請證件，現在推行「幾證合一」，我只需要到一個地方，便可一次性申請幾個證件。或許是生意規模不大，我們剛開業時沒有甚麼問題。我們本來是想找中介公司幫忙的，但朋友說沒有必要，建議我們先嘗試，於是我們一切都靠自己摸索，結果真的做到了。之前我們常常聽說，跟政府部門溝通是一件很麻煩的事，所以一開始有點擔心，但現在也很順利，政府部門的人有問必答，而且十分詳細。

Lammy：最多再去幾次。可能這次去辦個申請，不過關，那麼再去幾次，總會成功的。

你們是街舖，有沒有受到一些另類勢力騷擾？

Shirley：沒有，肯定沒有。

這對於有興趣來大灣區創業的香港人來說，是個好消息，可以減少他們的顧慮。在大灣區創業對你們的生活帶來了甚麼影響？你們融入中山的生活嗎？

Shirley：從疫情開始，我們應該有一年多沒有回香港了。現在我們都習慣了內地的生活，在這邊沒有那麼大壓力，生活空間也比較大。現在我一個人住 400 多呎，這個面積若在香港，可

能已經是一家幾口的標準。但是在內地，朋友們還會問我，為何住這麼小的地方？

Lammy：其實我們挺融入這邊的生活。我們有一項改變的地方，是這邊很流行網購，和香港不同。我們在香港買東西，習慣會去商場、超市。但這邊所有東西都可以網購，不但吃飯，連買藥都可以叫外賣。

Shirley：所以現在我都變得很懶。

你們如何看待近年香港經常鼓吹融入大灣區？大灣區的發展對國家是否真的那麼重要？

Shirley：如果大灣區計劃能成功發展，我覺得是很重要的。現在中央很努力推行大灣區，對香港人來說也是一個機會。當然，要視乎每個人本身的需要。之前也有朋友問過我們，到底香港人應不應該來這邊發展？我覺得沒有「應不應該」一說。例如我們這樣的小本創業，在香港是很難實現的，不如幫公司打工；但來到這邊，店租不貴，我們有了嘗試的機會，可以有個不錯的開始。另一方面，如果是專業人士來這邊工作，這裡的收入當然與在香港有很大的差距。中山的話，月薪一個月可能只有三、四千元，你如何支撐自己的生活，並照顧香港的家庭呢？這是要自己衡量的。我們其實挺看好大灣區，也有關注其他城市的發展，可能會找機會在其他城市開店。

很多朋友問：我要如何進入大灣區市場？會不會很難？我在那邊沒有認識的人，該怎麼辦？請問你們剛去大灣區發展的時候，是否也沒有人脈？

劉倩瑩　林凱

◉ 2019 年榮獲「大灣區星級推薦品牌」

Shirley：對，我沒有朋友的。

Lammy：我在這邊只有表姐和舅舅兩個親人。

Shirley：所以我們有甚麼不懂的就問。一旦開始著手做，就會
發現其實沒甚麼問題。而且中山有很多香港人，他們也會幫我

們。我們挺幸運的，剛開店有困難的時候，本地人很友善，他們也會來幫我們。

Lammy：或者帶我們去吃飯。所以我們的客人同時也是我們的朋友。

Shirley：我們本來想去佛山發展，人們就會介紹在佛山開咖啡店的香港人給我們認識，讓我們互加微信。所以只要我們願意勇敢地踏出第一步，很多事情都會有解決辦法。我們有些香港人的客戶，說想來這邊開餐廳，我們也會跟他們談談，分析一下這裡的環境是否適合。當然，我不是專業的，但我能分享自身經驗，讓他們可以了解更多。我也明白，剛開始回內地創業，是會有很多顧慮的，我們小本經營的還好，始終是做一些規模比較大的生意，他們就更加需要深思熟慮。

你們認識了內地的朋友後，對他們有甚麼觀感？

Shirley：他們是很厲害的競爭對手。在內地，即使像中山這些比較小、又悠閒的退休城市，也有很多很厲害的「海歸」。他們有的年紀還很小，但對事情已經有獨特的看法和認知，而且眼界很廣闊。

你們有沒有想過把自己的事業發展至甚麼規模？

Shirley：有的，因為這裡有無限可能。本來以我們的資金來說，有很多事情在香港是想都不敢想的。但來到這裡，會發現有很多機會。我們會思考我們的品牌能發展至甚麼規模，也會跟 Lammy 討論到底要連鎖加盟、直營還是找工廠。現在有很

　　　　　　　　　　　　　劉倩瑩　林凱

● Shirley 與 Lammy 常常跟大師們學習、進修。

多發展方向，我們要不停地學習，例如看書，或與相關的人聊天以獲取經驗。

對於想到大灣區創業的人，你們有何建議、忠告呢？

Lammy：首先，若你有想法，便要「take action」。剛開始你或許會有很多顧慮，但若一直不行動，連資料蒐集也不做，只是一直擔憂，想法是永遠無法實現的。所以 take action，

第一步的行動力很重要。

Shirley：還要多來這邊看看。因為內地近年的環境，和我讀書時期相比已經變了許多。內地每年都有很大的變化，常過來視察、閒逛和感受，才會知道哪個城市是最適合自己的。這邊的生活模式和潮流都跟香港不一樣，這邊發展得實在太快了，所以不要抱持「我上網查就會知道」的心態，我們也是親身來到此地，才了解到這裡的風土人情。就算我在不同地方開店，也會有不同的習慣。

　　　　　　　　　　　　　　　　　　　劉倩瑩　林凱

13

梁立鋒

多出去闖，多出去問。也不要被其他人影響，很多事情，你是要靠親身體驗才能感覺到，並非只是憑藉空想和聽別人說。

學歷程度 大學本科

企業名稱 廣東天菜農業有限公司
公司職位 聯合創始人（羅偉特 Victor、譚慧敏 Mandy）

FUNG LEUNG

你對大灣區的認識是從甚麼時候開始的？當時你對它的印象又如何？

我是在兩、三年前第一次聽這個名詞的，現在我回內地創業已經踏入第五個年頭，當初是在廣東省珠三角地區發展自己的創業項目，即是說我剛來的時候仍未有大灣區的概念，那是後來才出現的，這對我而言是一個很大的衝擊。別以為大灣區是一個國家層面的大型項目，其實這是一個與每個人都息息相關的政策。最簡單的例如交通，把大灣區九個城市與香港和澳門，緊緊的聯繫在一起。以前我們從內地回香港經虎門大橋，很容易塞車，動輒需要四、五個小時，所以都會趁晚上坐車以節省時間。有了大灣區計劃後，新建了廣深港高鐵、南山大橋和港珠澳大橋，現在則興建深中通道。我的業務在江門，即珠江西岸，以前去深圳或東莞都要過虎門橋，非常麻煩。新的交通建設，方便了我們內地與香港兩地跑的一輩，即使有項目在另一個城市，要過去也很輕鬆。第二，在粵港澳大灣區的概念出現後，不同的城市會因為連結更緊密，而看到彼此的優點，例如我們在中山、珠海、香港都有做農業科普的基地，可見城市間的聯繫增加了。我們是做農業生產的，粵港澳大灣區的出現也擴展了公司的業務，除了農業生產外，我們還會做技術輸出，協助他人做科研、展示、科普類的工作，增加了曝光，與各地的關係更密切，也增加了與不同地區企業合作的機會。（**一些傳統農業也會找你們，以科技提升產量。**）對。

我們常常說「灣區」，其實「灣區」是把這些地區連成了一個板塊，你覺得嗎？

對，大家就如同左鄰右舍般。以前鄰居之間只偶然見面，但現

在有一個街坊福利會或互助委員會，彼此的交流增加，見面次數也會增加。在生意上，也能互相發揮自己所長、互補彼此的空缺，互相幫助，這確實是一件很開心的事。

除了香港和澳門外，大灣區一共有九個城市，你們為甚麼會選擇在江門發展呢？

老實說，是江門收留了我們，而非我們選擇了江門。我是讀理工大學的，2016 年畢業之前，在學校做實驗，無奈地方始終不足夠，於是就嘗試回內地，找一些農業園區。當時我們找了很多城市，包括佛山、珠海、惠州、深圳、中山和江門等等，只有中山和江門肯收留我們。在全國來說，江門在農業方面的軟硬件設施包括人力都很不錯，因此我們就來了江門。

知道我們是香港來的年輕人，他們的接受程度很高，你提出想法和計劃時，只要清楚表達出實行方法、預計的科研成果、利潤，他們都很願意接受新的嘗試。老實說，剛開始的時候我們沒有錢也沒有技術，只是一個黃毛小子，會怕別人覺得我們是紙上談兵、欺騙他們，沒想到他們的接受程度那麼高。園區的任務是孵化一些新技術或新企業，一開始我們是以合作形式，研究魚菜共生，即是以養魚的水種菜的技術，這剛好貼合他們的發展方向，彼此很合得來。

另一方面，江門本身也是一個農業大市，香港很多蔬菜和瓜果也是從江門來的，這邊的雞、鴨、鵝、豬也很有名。由此可見，江門在農業方面其實是挺出眾的，資源配套及產業鏈也非常全面。（**你早就調查過，知道江門是以農業為主？**）其實一開始沒有想那麼多，只是覺得有個地方收留我們就好。畢竟剛出

來創業，選擇不是太多，我們是在有限的條件內選一個最好的。

農業工作不會馬上收到回報，需要漫長地等待收成，為甚麼你們有信心去做？而且你們有三個人，每個人對不同問題也有獨自的想法，這是很難能可貴的。

有好幾個原因。第一，我們在大學的時候已經有目標要一起完成一件事，無論創業也好，做其他事也好。我們三人是中學同學，然後升讀不同大學，但我們一直都有合作，例如大學不同的團體等等，直到現在。畢竟創業有風險，又是到一個陌生的地方，做以前未做過的事情，三個人合作是會比較安心，互相壯膽。第二，是過程中可以看到自己的成長，一開始的時候失敗太多了，魚死了、菜又長得不好看，而且我們非讀農業出身，會遇到很多不同的難題。每次做完實驗得到一個結果，以此為經驗，在下次的系統設計和種菜方法上繼續提升。當慢慢看到自己在專業知識、解決問題的態度、整件事的規劃上有進步，漸漸看到希望的曙光，同時也覺得做農業是一件很有未來的事。事實上，即使養豬、種陳皮這些看似不起眼的行業，其實規模都可以大，能夠賺到錢；因此種菜也是一個很好的發展方向，畢竟人類每天都要吃菜，所以若產品夠好，就不需要擔心沒有市場。

我在香港也聽過魚菜共生，也有朋友做過。香港也有很多有機農場，為甚麼你們不選擇香港？

因為香港的成本太貴了，這是很現實的問題。香港也有人在流浮山做魚菜共生，但他們的菜成本非常高。第一，因為他們的技術是從澳洲買入的，算是一種特許經營。第二，眾所周知香

2018 年在廣東開平市國家現代農業示範區研發魚菜共生種養技術

梁立鋒

港的地租很高昂，人力也非常貴。因此他們的菜要賣 120 港元一斤，那是一般的蔬菜，售價高得十分可怕，但他們有一群粉絲，產品仍然是供不應求。由此可以看到兩點，第一是成本太高了，除非你是地主不用付地租，但我們初出茅廬，沒有背景和資源，真的很難選擇香港作為起步點。第二是種菜的市場很大，品質好的蔬菜，無論多貴都有市場，即使 120 元仍然是供不應求。這兩件事也給予我們信心繼續去做。

有人會質疑，大部分內地的有機農場都是假的，在農產品上蓋個章就說是有機農產品了。你對此會感到擔憂嗎？

其實也不會有這種擔心，因為魚菜共生是一種以自己證明自己的有機耕作方式，若使用農藥，水裡的魚馬上就會反肚死去。所以只要系統運作得好，可以循環，就是一種自我證明，根本不需要拿有機認證，只是認證有一種安全感，令更多人認識我們，畢竟大眾是以有機認證的標籤來分辨有機蔬菜和普通蔬菜。

內地有其他人會造假，這對你們有沒有影響呢？

我們沒有遇到這個問題。因為年輕人在做這件事的時候，別人關注你的是技術與突破，突破「種菜必須要用化肥農藥」的觀念。我們至今仍未遇到過這些問題，而且我們也不怕，所謂真金不怕洪爐火。

請你介紹一下你們有甚麼產品，生意規模又是如何呢？

我們來了五年，前三年做 R&D（Research and Development，研發），第四年開始建立自己的公司與農場，

所以是用了很多年預備。今年我們才開始正式量產化，在一個很漂亮的溫室中生產。溫室大概有八萬呎，用魚菜共生的方式養魚種菜。產出方面，一年可種出 400 至 500 噸蔬菜，基本上每天一噸，農產品會供應到一些超級市場和菜市場。我們前陣子也試過把蔬菜送到香港販賣，因為香港的有機蔬菜市場很大；但無奈我們的溫室規模不算很大，這個數量的蔬菜，其實在市場上很快就賣完了，所以是供不應求。我們今年 10 月還會有一個新的基地，位於江門開平市附近的農村地方，那裡有一片約 400 畝的土地，大概是兩個深圳機場的大小，達到了大量生產的規模。我們會今年年底動工，明年開始賣菜，這批菜會大量供應香港。

你們的農場這麼大，需要投入大量的資金，資金從何而來？

兩年前我們在香港找到天使投資人（angel investor）投資我們的項目，所以一直有資金支持。第二個溫室的建設也是和投資者一起合作的。（**但公司一定要很快到達某個規模，以符合他們的要求。**）對。

江門政府知道你們規模如此的大，對你們有提供任何幫助嗎？

有很多，像是一開始的時候，政府也有為我們提供一些資助，以進行一些科研相關的活動。而且港澳居民其實享有很多不同的優惠，例如創業補助、稅務補助、社保、醫保等等。（**有香港人會懷疑，覺得怎麼會這麼好。**）有是有的，但是要你自己去找。需要符合資格，並向相關機構申請，這與在香港申請資助是一樣的。

你覺得在大灣區創業，香港人這個身份有沒有優勢或劣勢呢？

有。很多人仍然認為，香港人的視野的確是比較寬廣，懂得一些新的科技或管理方式，所以自然是會被重視的。另外，香港人回來能享受一些優惠政策。無論政府或公司，都有興趣知道某一件事由香港人的角度去看會如何，比較重視和需要香港人的意見。除了農業本來不是香港的強項外，在其他圈子中，香港人的身份都有吃香之處。

劣勢方面，技術上的硬實力也許比較吃虧。別人都覺得香港人英文很好，這其實不一定，畢竟人家的生字背得比香港人多，書也看得比香港人多。可能有些做電子工程的人，可以一天寫好一個手機程式，香港的風氣則也許比較輕鬆，就會相對吃虧。

因為內地的年輕人如今已經很積極、很厲害了。他們知道的東西很多，你以為內地那邊思想就是比較封閉，誰知他們張口就是阿富汗、石油危機、美元霸權等等的時事議題。他們對國際時事、政治局面十分清晰，也很有自己的見解。我不知道他們的見解正確與否，但他們的知識層面真的是非常廣泛。

一直以來，香港人都覺得國際視野是自己的強項。如今聽你所言，似乎連這個特別之處也逐漸失去。我知道江門蓬江區的政府有一個「人才島」計劃，想引入外國大學到江門開分校，以培養人才。現在江門只有五邑大學，人口是否足夠支持政府的政策？

有。有這樣的市場、資源和人。

香港行一國兩制，你如何面對兩地文化的差異？例如成立公司，僱傭法、稅制也全然不同，你如何處理這些問題？開始之際，你有沒有覺得很衝擊和很難適應？例如報稅之類，要不要外判給其他公司代辦？

是很衝擊，但不是說很難。報稅是自己做的，因為很簡單，上網按一下就完成了。甚至你申請一家公司，只需要兩天就能拿到牌照。第一天去問清楚自己需要甚麼資料，那裡有一個專員，仔細告訴你要準備甚麼；第二天把資料交齊就好了，我們公司就是這樣成立的。內地在這些方面是很便利的，不需要排隊，除了有些文件需要親身交外，大多程序都電子化了。在香港，想成立一間公司要去很多不同地方辦手續；但內地是一個政務大廳中有各部門的代表，要處理甚麼就找相關的分部，非常方便。我記得當時我要去找農業部，看到後面有人舉手，原來他們就是農業部代表，農業部和稅務部只隔了三步，真的很方便。（**與很多人印象中的不一樣，這是很以民為本的。**）現在的服務人員如果不以微笑相待，是會被罵的，因為有評分標準。

你在江門創業，來這裡生活已經五年，對你個人的生活有甚麼影響？

生活圈子和以前不同了。在疫情以前，我大概一、兩個月就會回香港一次，但如今少了和香港的朋友聯繫，也少了與家人見面；而另一邊，在內地的工作和朋友圈子則擴大了。（**生活有不適應嗎？**）已經習慣了。一開始是有一點不習慣，要出門玩、要看韓劇，但現在太忙了，已沒有時間。加上我只是在這裡認認真真地工作、種菜，不會有很大的問題。（**你是否已完全融入當地生活？**）是，我連說話也開始有鄉音了。（**你在內地有置業**

梁立鋒

嗎？）在江門有。因為我這裡很近高鐵，只需要一個半小時就可以回香港（西九龍），非常方便。

你在中山也有項目，是否需要各地跑？三人如何分工？

是很常需要各地跑，像我上個月就是在中山過的。我主要是負責管理和生產，而我的兩名夥伴中，男生管理公司對外的對接事務，女生就是市場部，尋求客源和開闢市場。

近年無論內地或香港都鼓吹香港融入大灣區，你對這件事有甚麼看法？

一個計劃推出來，一定是有人想做有人不想，我覺得不需要強人所難，強迫別人融入大灣區，也看你是否適合。我剛才雖然說大灣區與我們息息相關，但那其實只是與我們這些兩地跑的人息息相關；如果你沒有需要，大可以不融入大灣區，我對此抱存開放的態度。但以我的經驗來說，大灣區的機遇真的是不錯，例如在江門做農業、在深圳做 IT、在佛山做輕工業、在中山和廣州做外貿，如今有很多面向年輕人的創業孵化基地，可視乎自己的喜好到不同的城市。但我不會用一個「你不來就吃虧」的說法。

你如何看待大灣區在整個國家發展過程中的重要性呢？

非常的重要，如同我剛才的比喻，以前左鄰右舍是不會很常見面交流的，但有了這個平台，增加了交流的機會，有人煮飯不夠蔥，發現原來鄰家就有蔥了，這有利於自己的發展，同時也可以提升效率，發揮到互相幫助、取長補短的效果。而且當

這件事是在國家層面推動的時候，大家會偏向相信。思維模式也會改變，大家的關係由競爭者到協作者，需要競爭的不是在「同班同學」之間，而是與其他地區，甚至是其他國家競爭。真的，若以國家層面去做大灣區，整個影響力會大大提升，大家都聚焦在這個地方時，這個地方的機會就會很多。

我們以前常說「一帶一路」，但那對香港人來說是相對遙不可及的，政策太遙遠。但大灣區的角色定位則是「引進來，走出去」，你有沒有想過自己的生意會走出大灣區？

已經有了，在海南和四川已經有由我們技術輸出的基地，還有廣西和上海的企劃，我們未有時間處理，也是一些技術輸出的方向。（**有想過要出國嗎？**）其實也有，在「一帶一路」國家中的卡塔爾。前兩年認識了一個在卡塔爾工作的香港人，他邀請我們到當地做魚菜共生，但因為覺得太遠了，暫時沒有落實的打算。而且只是處理江門的工作量，已經快要忙不過來了。

對於一些想在大灣區創業的人，你有甚麼忠告給予他們呢？

多出去闖，多出去問。從最簡單說，即使剛剛提到的優惠政策，也不是你坐著不動就會來的，你要自己去尋找。找一些適合自己的資助也很重要，對於一些在初創階段的企業是非常有幫助的，例如我們參加過很多創業比賽，拿到不少獎金，這些都是機會。最重要的是思維要開放一點，不要停滯不前，否則就真的落後了。也不要被其他人影響，很多事情，你是要靠親身體驗才能感覺到，並非只是憑藉空想和聽別人說。

　　　　　　　　　　　　　　　　　　　　　　　梁立鋒

很多香港朋友想知道，內地的創業比賽獎品豐富，是否真的？

是真的，沒有欺騙你。特別是江門市，江門市有些比賽的獎金，比國家級比賽的還多，因為地方政府在創業這方面的支持力度很大。對初創企業來說，在生存和發展上也有很大的幫助。

你們的故事被媒體曝光後，對生意的發展有沒有幫助？

有很多。不同地方的人因此認識到你，我們也因此吸引到廣西和中山的商機。機會源源不絕的來，做也做不完。

你們有想過在公司預留一些位置給香港人嗎？

在這五年間，有 4,000 多名香港學生親身來到我們農場參觀，認識我們的創業經歷、傾聽我們的創業故事。工作機會方面，我們也請過幾個香港實習生，但沒有請正職。畢竟這裡是農村地方，真的挺難熬的。整體來說，就是以做一些青年工作為主。

2019 年江門市「科技杯」創新創業大賽初創組一等獎

2019 年 11 月江門市前市長林應武書記視察項目進展

14

余威

　　你可以利用你的平台跳到不同行業，香港人的優勢是很有彈性，先不要把自己鎖死在某個行業，來看看每個城市，看看市場有多大的上升空間。

學歷程度　大學本科

企業名稱　懷集高山青農產品有限公司
公司職位　總經理
擔任公職　暨南大學肇慶校友會理事
　　　　　肇慶海外聯誼會理事

WILLIAM YU

你對大灣區的認識是從甚麼時候開始的？那時候你對它的印象如何？

認識大灣區大概是兩年前，當時剛開始說國家要建設大灣區，加上我對世界上其他灣區也略有認識，個人覺得是一件好事。不管是否香港人，回來大灣區發展也是一個很好的機遇。因為在國家提出灣區概念前，習近平總書記已說到，「一帶一路」的延伸就是發展灣區，其實這計劃是與「一帶一路」相連的，我覺得是一個輻射和聯動作用。無論對就業，或是時下青年的創新創業，都是非常好的機會。

你是在肇慶創業，但肇慶給人的印象是一個商業相對不發達的地方，為甚麼你會選擇肇慶？你在肇慶發現了甚麼獨有的商機？

當初，父親在 1993 年回肇慶，在懷集投資了一個茶園，後來他想擴展規模，2014 年就叫我回來幫忙了。因為當時仍未有大灣區的規劃和概念，我考慮的只是要否回內地工作，和應從事的行業。我覺得如果真的想做一番事業，眼光需放遠到未來三、四十年，不只考慮自己的公司，而是要考慮整個產業的發展。在如今科技發達的社會，可以持續三、四十年的行業其實不多，一個是教育、一個是環保、一個是養老，最後一個就是農業。剛好父親的投資屬於農業板塊，農業板塊也不光是種果種菜，其中涉及很多文化、自然保育或技術的東西，所以我就抱著試一試的想法回來了。後來發現，農業並不受香港年輕人的青睞，他們覺得農業就是辛苦、落後，但其實並非如此。農業有很多不同的操作，也有不同的創新，而且當你走上這個平台，就可以利用它做更多其他事情。所以農業其實不只是縱向

發展，也可以是橫向發展。（**你甚麼時候開始有這個想法？**）我
是因為父親叫我回來幫忙，所以就做了兩個月的資料搜集。

你以前在香港從事甚麼工作？

我在暨南大學新聞與傳播學院，讀廣播電視學系，就是在電視
台拍片那種。畢業後我在廣州實習了一年，是廣東台，所以我
曾經是記者，也是媒體人。但無論在香港、內地甚至整個亞
洲，做媒體也是很辛苦的，只能說在理想與麵包之中，我選擇
了後者。回到香港之後，我沒有繼續做媒體，而是進了一家船
公司在前線工作，也做過三年客戶服務，之後考上了公務員，
但只做了數天就辭職了。（**發覺不適合自己？**）也不是不適合，
原因是我父親。他一向對我很放任，只要我不是作奸犯科，他
就不會干涉我的人生規劃。但他知道我考上公務員這個金飯
碗，就提出想我回去幫忙打理茶園。原來他希望茶園未來可以
由我接手，卻怕我以後會不捨得公務員優厚的福利和工作，所
以選擇趁這個時候提出來。很多人也問我，有沒有在公務員和
茶園之間掙扎過，我其實沒有太掙扎。我問過自己為甚麼要做
公務員，是因為我熱愛這份工作嗎？不是，我是因為薪金和待
遇。說實話，全世界考公務員的人，沒有幾個是因為熱愛而考
的，十之八九都是為了福利待遇。（**就是為求安穩。**）對，但我
並非一個安分守己的人，也不喜歡坐在辦公室裡。然而當時是
2013 年，在香港做生意雖不是完全沒可能，但非常困難。如果
選擇留在香港，考公務員對生活是很有保障的，所以我當初選
擇考；但如果我以後不在香港生活，我要那福利待遇又有何
用？我可以做一些新的或是自己想做的東西，所以就選擇了
回來。

　　　　　　　　　　　　　　　　　　　　　　　　　余威

你做了兩個月市場調查之後，會否有些對生意的想法是和父親不一樣的？

我不曾做過管理，也沒有做過生意，所以當初回來的時候也是邊學邊做。但觀察整個公司的營運到整個系統後，我就覺得，傳統的道路不是不能走，它可以保留，但一些管理上或公司政策上的問題，應該更加現代化。早期他們比較少接觸市場，少為農村人謀福利或增加收入，但其實當他們的收入提高，就代表公司的收入也提高了，這是成正比的。他們不會想這些事情，都是我回來後才想的。

你接手生意的時候，規模有多大呢？是因為「臨危受命」回來拯救生意嗎？

我剛回來之際，其實公司生意一直不算差，這是由於公司的市場定位。因為我們一向是做公家生意。但 2014 年，市場模式改變，公司的業績下跌了差不多七、八成。一下子變成這樣，當時連工資也不一定發得出來。然後就要幫公司轉型，不能光等情況變好，這些問題是沒法等的。所以要趁風向改變的時候借助東風，藉此轉型。

當時你做了甚麼改變？包括產品或營運模式上。

因為公司一向針對高端市場，商品的單價很貴，當失去了政府這個客戶源，只靠個人的消費是相對困難的。不是我們刻意抬價，而是從父親一輩開始，就是高投入低產出，做精品。高投入的情況下，固定成本很高，可變成本也是每年都上升，包括薪金、原材料、農藥、肥料等，要壓低成本是很困難的事。這

● 觀察茶樹生長

時候要轉型，不如就一併拿下中端市場，但我們不做中低端，因為我們對公司的產品有信心。其實，在個人的消費者或中端市場，他們的直觀是很在意單價，卻不太在意份量。例如你賣 1,000 元一斤，這在茶葉市場是很貴的，但當拆成十份的時候，一兩就 100 元而已。如果是 100 元，別人就會願意消費，畢竟一般人不會無端買一斤茶嘗試的。假設你一個月賣兩、三斤，然後賺 3,000 元；但若分拆成小包裝，我不相信一包 100 元，我一個月賣不到這個收入。這既帶來一個推廣作用，又可以藉著換一個包裝或規格，做出類似降價的行為，但實質上沒有降價。這是其中一個方向。

　　　　　　　　　　　　　　　　　　　　　　　　余威

你有沒有想過做一個屬於自己的品牌？

現在我們已經是一個品牌，但如果你問以後要不要做一種年輕一點、商務一點的風格，這就可能要成立一個公司的副品牌。這個副品牌會由我負責，但事情要一步一步來。（**現在已經有一條副線了嗎？**）副線現在仍未有，但我正在鋪排。首先要開拓好市場，養好公司的老臣子，然後再做我自己的東西。我的出發點也是先為公司著想，在產銷平衡後就可以做其他事了。

現在你的生意情況和預期接近嗎？

不接近，我覺得計劃永遠都趕不上變化。這樣說，例如我從計劃的第一到第十步，整個架構都想好了，但中間會出現很多變化，可能第一到第三步是達到我的預期，但第四到第六步就可能出現一些改變，未必照著我的想法做。雖然如此，我覺得最終目標也是可以回到預期的，只是變化會令我繞了一些路。（**目標是存在的，過程則按情況作調整？**）對。

茶業在國內的競爭很大，有很多不同的檔次，或許是大家的渠道都不同。你覺得中國茶葉的市場情況如何？

中國茶葉的市場是很混亂的，大家對很多應該認知的事情，都有偏差和缺失。例如你要追求的是品牌、口味、效用、健康還是甚麼？很多人在消費的時候對茶葉其實沒有認知，究竟我為甚麼要買？例如某品牌因為很有名，所以很多人去買，但我們做茶葉的行內人都知道，其實它的品質不好，只是市場營銷做得好。那麼，它稱得上是好的產品嗎？這就是內地市場的偏差，視乎大家追求的是甚麼。除了要對茶葉的認識做普及外，

更難的是，茶葉其實和海鮮一樣，是沒有市場標準的。大家可能都覺得普洱貴，但又知不知道它貴的原因呢？貴的背後有沒有相應的價值？若意在炒賣，我們不作評論；但若是自用，究竟這款茶是否適合你呢？我聽過有人說，這茶很貴，但每次飲完都會不舒服，會流冷汗、心跳加速，那為甚麼仍要購買呢？自己飲的東西，就應找一些適合自己的，再去考慮價格。我們也明白，價格是對一個產品最直觀的評價，但最重要的始終是親身嘗試，勿以道聽塗說來了解一個產品，不要勉強自己。

你覺得在大灣區創業，香港人的身份有沒有優勢，又或者劣勢？

若五、六年前回來發展，或許仍有點優勢，但近幾年就漸漸變成劣勢了。最大的劣勢，是香港人完全不認識國內市場。若你是以內地為基地，服務香港市場，我覺得是可以的；但若你想做國內市場，你要有心理準備會比較困難，碰壁會較多。我有個朋友是在香港專幫人上市的，他們幾年前也會笑內地人能力不足，但試想今天，在內地做 IPO 的人當初都是向香港人學習的，現在他們的財技已經比香港人高得多。我朋友讀 MBA，他所有內地同學基本都是在大企業做市場或金融板塊，全都比香港人優秀。單一說這個行業，香港最大的優勢是因為有《基本法》，在上市或營商上的自由度很大，資金操作多，有發揮空間。但內地的這群人從香港學成歸來，在有那麼多箝制的地方，仍然做得比香港好，那麼你認為誰更厲害？我不是坐井觀天，但香港的確需要進步，同時需要認可別人，否則優勢只會越來越小。香港的金融市場，以國家現在的國力來說，其實半年已足以擊垮。我認為香港如今仍有優勢的行業，其中一個是進出口貿易，但那也不見得與內地有甚麼差別，香港是免稅港，但如今海南也有；真要使香港式微，只要把周邊港口都開

接受中央廣播電視台採訪與拍攝專題

放便好，甚至不用全部免稅，只要每個港口辦幾項，已足夠把
香港的優勢瓜分。以國家如今的資本，在上海、深圳、杭州建
一個金融中心也絕非難事。香港的外來資本，有 70% 其實都
來自內地，財技也是內地人技高一籌。所以如今香港還剩下甚
麼？旅遊業？酒店業？其實已經沒有很多優勢了。

肇慶

我對年輕人的建議，是不要太容易被身邊人和媒體影響，若真的有意願到內地發展，可以先來看看這裡的情況和生活節奏，我保證會和本來的認知有偏差。但沒必要到深圳看，深圳的福田區已經等同香港的尖沙咀般了，應該去一些沒那麼高規格的城市看，就說惠州、珠海、中山這幾個灣區城市，那裡的生活水平和質量都比香港好。我還有一個建議，若你想開拓市場，來國內開拓、拿國家資源，是非常好的。如今，任何創業其實也是經營一個系統，系統需要數據，在香港你能得到的是 400 至 500 萬人的數據，最多再牽涉 500 萬深圳、廣州一帶的內地數據，一共才只有 1,000 萬人；但若回到灣區，光廣東省已經有一到兩億的數據。在一個只有 500 萬數據的地方經營一個系統，和在有一億數據的地方經營一個系統，若你能在後者成功，那麼到任何地方也都會成功。

的確，香港的面積和人口是一個很大的局限。光是大灣區已經有 7,000 萬人口，香港朋友想像不了是甚麼情況。你回來內地也一段時間了，過程中有出現甚麼水土不服的問題嗎？

有，但問題越來越少。例如銀行有很多人排隊，但六個窗口只開了兩個，裡面有很多員工卻不願意出來幫忙；在香港不會出現這個問題，否則會被人罵。這是我當初不理解之處，但他們漸漸在進步。國家很大，很多事情也會考慮人力問題。例如政府層面，去做工商登記，不用親自去現場，可以直接用手機程式處理。香港最麻煩的是處理商業文件的手續，反覆來回，國內現在反而是很方便的，越來越多事情可以網上操作，比香港更有效率。

余威

香港行一國兩制，你如何面對兩地文化的差異？例如成立公司，僱傭法、稅制也全然不同，開始之際你如何面對？

在一國兩制下，香港的財務制度是比較自由、有彈性的。最近我和稅局打交道，他們也說，內地所有稅局現在都向企業提倡一件事，就是合理避稅。這個政策的優惠很大，以我為例：從疫情前開始，營業所得稅可以減半，本身要交 20%，現在是減半再減半，也就是 5%；加上本來是總金額的 5%，現在是先將金額減半再減半再計算。即是我以前 100 萬要給 20 萬的稅，現在是先把 100 萬砍至 25 萬，再交 5% 的稅，這可以節省很多。當然不是所有公司都可以享受這個優惠，這是針對微小企業或高新科技公司，但其實你只要不玩 A 輪 B 輪和不做 IPO，基本上也算是微小企業；只要不上市也算是微小企業，例如立白，它的註冊資金很少。所以說你能享有很多優惠，例如現在以香港人身份在這邊開公司，文件手續的確會比較麻煩，有些服務的收費也會比較貴，例如每年請人做帳，港資公司的費用會貴一倍；但如今灣區推出一個優惠，港資公司的行政收費和本地公司一樣，貴了的部分會由國家補回。

近年來國家推出很多優惠，鼓勵香港朋友到內地創業，你有沒有受益於這些政策？

創業優惠方面，因為我的公司不是這一、兩年間建立的，所以沒有關係；但港人政策優惠我是有享受到的。例如我以前若想在廣州買樓，就必須有廣州戶口，這是一個硬性條件，而且需要交兩、三年的社保；如今在灣區政策下，香港人只要能向當局證明你沒有房產，那麼就可以在灣區的城市群中買房，而且不限購。又例如教育，以前香港小朋友在內地讀書需要付額外

● 檢查車間機械

的費用，但現在灣區城市的每一所學校，幼稚園到中學，都有一個港澳人士配額。（**你的母校暨大也專為港澳同胞開了一間學校。**）對，港澳子弟學校。（**可對接 DSE。**）但學費有點貴。無論如何，這些政策在生活上是可見的。又例如打疫苗，我本來以為打疫苗和做核酸要付錢，或者我不可以在內地打疫苗，但原來都是沒有問題的，國家一樣會資助你。除了證件問題外，我覺得港澳人士在內地和其他人已經沒有太大差異，無論生活或其他方面都不成問題。包括近來有些針對港人的創業政策是很好的，例如佛山工合空間。

你在大灣區創業接近三年，對你個人生活帶來了甚麼影響？你在內地結婚生子，會想念香港的生活嗎？

余威

我會想念在香港的父母。至於小朋友以後會在哪裡讀書，我們又會在哪裡生活，這都是後話。因為我們也不知道國家未來會如何發展，但單說我個人，如果問我願不願意重回以前在香港工作的生活，我是不太願意的。我在香港的朋友其實不多，因為我在香港讀書只讀到中一，2000年去了加拿大，2006年就回到內地的暨大，因此我由2000到2010年都不在香港生活。之後我在香港只工作了三年多而已，所以我在香港的本土朋友其實只有幾個，都是同事。當時大家聊的多是娛樂八卦，但現在我和不同人聚會，可以聊關於發展機會、工作的內容；我覺得若我回到香港，大家聊的也只會是政治、股票等。彷彿工作以外就只剩股票，或比特幣；但在內地，我在主業以外還有其他機遇，不只是股票投資，也可能是一些合作。即使是工薪階層也可以和別人合作開公司，這邊的成本比香港為低。

很多香港的年輕人仍然認為，在內地做生意很需要人脈，或者有貪污的問題。你覺得問題是否仍然存在？

現在最需要花的不是錢，而是時間。以前和官府打交道，不外乎使用送禮那些手段。但現在只要你能幹，其實很多政府部門是會看到，而且會互相介紹的。因此你要做的，是經營你自己的IP，或者經營彼此的關係。現在已經沒有人會說他要收多少錢，而是我們一起經營，一起賺錢。內地現在的風氣是這樣，與以往大有不同。政府機構也同樣，只有你有能力為地方帶來貢獻，不用再送禮他們也會主動聯絡你。（**你的訊息很好，因為香港年輕人仍然揮不開以往的印象。**）和內地朋友交流時可以感受到，沒有人再在乎眼前的利益了。

你對近年鼓吹香港融入大灣區的風氣有甚麼看法？你如何看待大灣區的重要性？

先說灣區對國家的重要性。灣區主要集中在廣東省，廣東省的 GDP 是全中國第一，也是最多資源、最多人才的地方。如同美國的灣區一樣，建設出一個大區域的經濟核心，這就是國家想要的。你看日本，日本的灣區不可能贏中國的灣區，因為日本的灣區一邊要面對中國，一邊要面對美國，遲早會被取代。而中國的灣區覆蓋歐洲、東南亞，包括印度，經濟核心以後就會在廣東省的灣區。所以每個行業的發展自由度會越來越大，越來越多樣化。香港本身也是一個很好的平台，但可惜沒有好好的經營。當初為甚麼我不在香港創業？你看香港這十年、二十年，有多少行業是被房地產與金融淘汰，又有多少新興行業可以站穩陣腳？沒有，這就是香港的問題。香港的資源或市場太單一化，被大財團壟斷，沒有新興行業又談甚麼發展？在灣區可以感受到社會的多樣化、多元化，我覺得這是國家對灣區的定位。

香港政府推出了一個鼓勵香港青年到內地就業的企劃，資助每人 10,000 元，內地付 8,000 元，即月薪 18,000 元，為期 18 個月。你如何看待這件事？

政府這個舉動是好的，但問題是香港人到內地值 18,000 元嗎？的確政府已經資助 10,000 元，但很多公司覺得，香港人甚至連 8,000 元都不值。如今政府不斷吸引港澳人士到灣區就業或創業，但有指明是甚麼行業需要哪一類的人才嗎？不然，港澳人士盲目跟風回內地，其實需要付出很大的時間成本。（**如今的配額好像是集中於創科、IT 行業比較多。**）在這類行業請的香港人，難道真的比內地人優秀得多嗎？我並不如此認為。就只談

內地支付的那部分薪水，我用 8,000 元請一個香港人來工作，和我用 6,000 元請一個本地人，我相信本地人會比香港人更有用處。

對於想在大灣區創業的人，你有甚麼忠告嗎？

我建議他們先來內地看看。我知道有很多平台，已準備在通關以後邀請香港的大學畢業生、專業人士等來這邊研學，我覺得香港人要多參與。要從事甚麼行業是你要自己思考的問題，覺得甚麼行業有發展前途的就去嘗試，因為這裡的自由度和空間很大，職業的上升空間是看不見盡頭的。所以不要即刻決定想做甚麼，先上來看看。你可以利用你的平台跳到不同行業，香港人的優勢是很有彈性，我覺得香港人是做得到的。先不要把自己鎖死在某個行業，來看看每個城市，看看市場有多大的上升空間。

香港也舉辦過很多參觀企業的活動，但多是走馬看花。你認為有沒有更務實的方法，可以更貼地的了解大灣區？

以我所知，這類項目以前多數是政府主導的，政府要派人員、又要付成本，所以很多是三日兩夜、兩日一夜之類的遊學團，真的只是走過場；但如今更多的是不同平台舉辦，七天以至一個月的活動。你只要來參加，其他支出機構會包辦的，這樣就可以有一個更深入的認識。而且以往去參觀的，多是一些上市公司，或比較大型的企業；但我會建議，是否也可以拜訪一些在當地做得比較好，卻沒有上市的企業，又或是一些特殊行業呢？重要的不是去了多少地方，而是彼此的交流是否足夠。

◉ 獲得國家地理標誌保護產品評審會年度生態保護獎

本書的另一位訪問對象周柏康導演提了一個想法，希望在能力範圍內提供一些崗位，讓香港的年輕人實習。你有想過這方面嗎？

我本身是做農業的，但我計劃未來會開發旅遊，可以的話，也想讓香港一群年輕人參與，無論是設計、經營方面。我希望香港人知道，農業的「玩法」是很多的，當然各行各業也如此，我希望大家明白這個道理。周導演的想法是很好的，讓香港人有機會參與其中是一件好事。（**有個前提是薪金要跟內地標準，否則就不切實際。**）對，這是很現實的一件事。我在前陣子接受其他採訪的時候也說，香港人若要回內地發展和生活，第一

件事是不要以香港的消費在這邊工作，畢竟是在別的地方重新起步，而且這邊的工資比較低，很難應付到香港的物價，你要考慮自身的經濟能力，想在內地工作卻在香港供樓、供書教學，是不可能的。這也是香港或灣區偏向鼓勵大學畢業生等沒有家庭壓力的年輕人來發展的原因，如果已經有家庭負擔，就要衡量自己的情況和資金了。

你對自己在大灣區的事業有甚麼未來的憧憬？

我先不想得太大。肇慶不是茶葉的產區，我首先希望可以把茶葉變成肇慶的一個產業，而我的公司則成為肇慶茶業的標竿。在肇慶種茶的人不多，做得最久、最有名氣的就是我們公司，我覺得如果未來的行業標準可以由我們來定，就已經很好了。這大概也要最快十年才可以達成，但我希望自己做得到。這是短期內的想法。

香港人對肇慶的認識不深，請問肇慶在大灣區有甚麼優勢？

第一，這裡是灣區城市之中面積最大的。很多人會說，肇慶沒有一個「主心骨」的行業，例如中山以燈具聞名、佛山以陶瓷聞名，每個地方都有主產業，而肇慶沒有。但我們反向思考，肇慶東邊靠近佛山，是做高科技產業的高薪區，例如小鵬汽車的廠也在肇慶，可見肇慶存在高新科技、高新區的板塊；向中間走，例如肇慶新區，這裡主要是做創新創業和文創的；向西邊走就是農業板塊。因為肇慶地方大，所以板塊也很多元。這裡的起步比較慢，可發展的地方仍然很多，上升空間很大，很適合創業。

余威

書名

　　築夢大灣區

作者

　　溫家明

責任編輯

　　寧礎鋒

書籍設計

　　姚國豪

錄音整理

　　林潔瑩　　吳昀陵

出版

　　三聯書店（香港）有限公司

　　香港北角英皇道 499 號北角工業大廈 20 樓

　　Joint Publishing (H.K.) Co., Ltd.

　　20/F., North Point Industrial Building,

　　499 King's Road, North Point, Hong Kong

香港發行

　　香港聯合書刊物流有限公司

　　香港新界荃灣德士古道 220-248 號 16 樓

印刷

　　美雅印刷製本有限公司

　　香港九龍觀塘榮業街 6 號 4 樓 A 室

版次

　　2021 年 10 月香港第一版第一次印刷

規格

　　特 16 開（150mm x 218 mm）248 面

國際書號

　　ISBN 978-962-04-4884-3

三聯書店
http://jointpublishing.com

JPBooks.Plus
http://jpbooks.plus